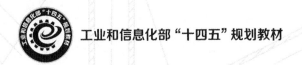

工业和信息化部"十四五"规划教材

职业教育机电类
系列教材

无人机
仿真技术

张琪 梁婷 / 主编

王景焕 刘龙龙 / 副主编

U0381904

ELECTROMECHANICAL

人民邮电出版社

北 京

图书在版编目（CIP）数据

无人机仿真技术 / 张琪，梁婷主编. -- 北京：人
民邮电出版社，2024.4
职业教育机电类系列教材
ISBN 978-7-115-63781-9

Ⅰ. ①无… Ⅱ. ①张… ②梁… Ⅲ. ①无人驾驶飞机
—飞机系统—系统仿真—职业教育—教材 Ⅳ. ①V279

中国国家版本馆CIP数据核字(2024)第038313号

内 容 提 要

本书系统阐述了无人机系统仿真的基础理论和方法，集基础性、前沿性、实用性为一体。全书共
7章，主要内容包括无人机结构与飞行原理、多旋翼无人机设计、4旋翼无人机三维建模、无人机飞行
控制系统、4旋翼无人机气动模型仿真系统、遥控器调试及仿真飞行操作、航线规划智能仿真飞行等。

本书可作为职业院校无人机相关专业课程的教材，也可作为从事或准备从事无人机技术工作人员
的业务技能培训用书。

◆ 主　　编　张　琪　梁　婷
　　副 主 编　王景焕　刘龙龙
　　责任编辑　刘晓东
　　责任印制　王　郁　焦志炜
◆ 人民邮电出版社出版发行　　北京市丰台区成寿寺路11号
　　邮编　100164　　电子邮件　315@ptpress.com.cn
　　网址　https://www.ptpress.com.cn
　　固安县铭成印刷有限公司印刷
◆ 开本：787×1092　1/16
　　印张：10.75　　　　　　　　　　2024 年 4 月第 1 版
　　字数：201 千字　　　　　　　2025 年 1 月河北第 2 次印刷

定价：49.80 元

读者服务热线：(010)81055256　　印装质量热线：(010)81055316
反盗版热线：(010)81055315
广告经营许可证：京东市监广登字 20170147 号

前　言

随着无人机的技术发展及规模化生产，无人机的应用范围日趋扩大，无人机专业人才的培养成为推动无人机产业持续发展的重要环节之一。在本书编写过程中，编者力求内容覆盖全面、深入浅出，使读者按照全书编写顺序完成学习后，能掌握无人机系统基本结构与飞行原理，对多旋翼无人机进行三维建模，使用仿真系统进行飞行器参数配置，建立气动模型和三维场景模型，利用飞行控制仿真系统模块实现全方位模拟飞行，提升飞行器操控技能，为以后从事无人机相关工作奠定一定的理论和实践基础。

本书集基础性、前沿性、实用性为一体，在编写中吸收了国内外同类仿真软件的优点，将建立的多旋翼三维模型导入仿真系统，进行飞行器参数配置，实现无人机系统设计完整模型与仿真验证。

本书共分为7章。第1章介绍无人机结构与飞行原理，着重介绍了固定翼无人机、多旋翼无人机和直升无人机三类无人机的结构与飞行原理；第2章讲解了多旋翼无人机的总体参数设计及飞行平台设计；第3章以4旋翼无人机为例，详细描述了三维建模案例的操作环节，其中涉及三维零件建模和三维模型整机装配；第4章介绍了无人机飞行控制系统的发展及基本任务，剖析飞行控制系统的组成和软件功能模块，重点介绍了仿真无人机姿态控制的PID控制原理、特点及方法；第5章对4旋翼无人机气动模型仿真系统进行了详细的讲解，包括气动模型参数设置和实际气动模型建模案例操作环节，通过对X-Plane仿真系统的学习，可以让用户设计自己的飞行器，甚至建造任何可以想象的飞行器；第6章为遥控器调试及仿真飞行操作；第7章介绍航线规划智能仿真飞行。

本书由南京工业职业技术大学张琪、梁婷担任主编，王景焕、刘龙龙担任副主编，梁婷负责统稿。

限于编者理论水平和实践经验，本书疏漏与不妥之处在所难免，请广大专家学者、同行与读者指正。

编者

2024年1月

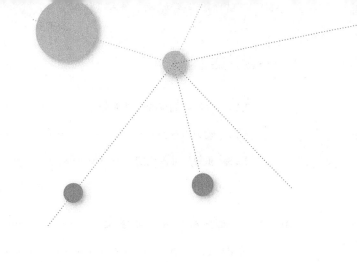

目　录

第1章　无人机结构与飞行原理 ·· 1

1.1　固定翼无人机结构与飞行原理 ·· 1

1.1.1　固定翼无人机的结构 ··· 1

1.1.2　翼型 ·· 7

1.1.3　固定翼无人机飞行原理 ··· 10

1.2　多旋翼无人机结构与飞行原理 ··· 14

1.2.1　多旋翼无人机的结构 ·· 15

1.2.2　遥控装置 ··· 24

1.2.3　多旋翼无人机的飞行原理 ·· 26

1.2.4　多旋翼无人机的调试 ·· 32

1.2.5　基本操作要求和日常维护 ·· 34

1.3　直升无人机结构与飞行原理 ·· 35

1.3.1　直升无人机的结构 ··· 36

1.3.2　直升无人机的飞行原理 ··· 38

1.3.3　旋翼机的飞行原理 ··· 41

思考与练习 ··· 42

第2章　多旋翼无人机设计 ··· 44

2.1　总体参数设计 ·· 44

2.1.1　多旋翼无人机各部分质量 ·· 44

2.1.2　整机功重比 ··· 45

2.1.3　锂聚合物电池能量质量比 ·· 46

2.1.4　载重、航时、总重相互关系计算 ··· 46

2.2　飞行平台设计 ·· 47

2.2.1　气动布局选择（动力分摊）‧‧‧‧‧‧‧‧‧‧‧‧‧‧‧‧‧‧‧‧‧‧‧‧‧‧‧‧‧ 47

2.2.2　动力组选型 ‧‧‧ 48

2.2.3　重要尺寸的确定 ‧‧‧ 51

思考与练习 ‧‧‧ 52

第3章　4旋翼无人机三维建模 ‧‧‧‧‧‧‧‧‧‧‧‧‧‧‧‧‧‧‧‧‧‧‧‧‧‧‧‧‧‧‧‧ **53**

3.1　SolidWorks基础 ‧‧‧ 54

3.1.1　模型设计 ‧‧ 54

3.1.2　用户界面 ‧‧ 55

3.1.3　草图 ‧‧‧ 57

3.1.4　拉伸 ‧‧‧ 65

3.1.5　装配体 ‧‧ 66

3.1.6　工程图 ‧‧ 67

3.2　三维零件建模 ‧‧ 67

3.2.1　中心板三维建模 ‧‧‧ 67

3.2.2　脚架三维建模 ‧‧‧ 72

3.2.3　海绵三维建模 ‧‧‧ 73

3.2.4　电机三维建模 ‧‧‧ 76

3.3　三维模型整机装配 ‧‧ 80

3.3.1　标准配合 ‧‧ 80

3.3.2　高级配合 ‧‧ 81

3.3.3　装配体设计 ‧‧ 81

思考与练习 ‧‧‧ 85

第4章　无人机飞行控制系统 ‧‧‧‧‧‧‧‧‧‧‧‧‧‧‧‧‧‧‧‧‧‧‧‧‧‧‧‧‧‧‧‧‧ **86**

4.1　飞行控制系统概述 ‧‧‧ 86

4.1.1　飞行控制系统的发展 ‧‧‧ 86

4.1.2　飞行控制系统的基本任务 ‧‧‧‧‧‧‧‧‧‧‧‧‧‧‧‧‧‧‧‧‧‧‧‧‧‧‧‧‧‧‧ 87

4.2　飞行控制系统的组成 ‧‧‧ 87

4.2.1　主控模块 ‧‧ 87

4.2.2　传感器 ‧‧ 88

4.2.3　数据存储模块 ·· 91

4.2.4　舵机信号输入与输出模块 ································· 91

4.3　飞行控制软件功能模块 ··· 92

4.4　姿态 ·· 94

4.5　无人机姿态控制 ·· 97

4.5.1　PID控制原理和特点 ·· 97

4.5.2　PID 控制方法 ·· 98

4.5.3　4旋翼无人机中的PID ······································ 102

思考与练习 ·· 108

第5章　4旋翼无人机气动模型仿真系统 ··········· 109

5.1　X-Plane飞行模拟软件介绍 ······································ 109

5.2　Plane Maker基本功能介绍 ······································ 113

5.2.1　Plane Maker简介 ··· 113

5.2.2　Plane Maker界面 ··· 113

5.3　无人机气动模型仿真系统 ·· 118

5.3.1　气动模型准备 ··· 119

5.3.2　F450型多旋翼机身气动建模 ···························· 120

5.3.3　支臂的气动建模 ··· 125

5.3.4　发动机的气动建模 ··· 126

5.3.5　塑造脚架气动模型 ··· 129

5.4　仿真效果输出报告 ·· 132

思考与练习 ·· 133

第6章　遥控器调试及仿真飞行操作 ··················· 134

6.1　仿真系统的具体实施过程 ·· 134

6.2　仿真系统使用说明 ·· 137

6.2.1　仿真套件组成 ··· 137

6.2.2　遥控器组成 ··· 138

6.2.3　飞行模式 ··· 138

6.2.4　遥控器使用及配对 ··· 139

6.3　虚拟仿真试验操作及仿真效果 ································· 142

思考与练习 ·· 144

第7章　航线规划智能仿真飞行 ························· **145**

7.1　无人机地面站系统功能简介 ····························· 145

7.1.1　地面站的组成 ····································· 145

7.1.2　地面站功能 ······································· 148

7.1.3　地面站分类 ······································· 151

7.1.4　地面站相关理论知识 ····························· 152

7.2　植保作业仿真 ··· 155

思考与练习 ·· 162

参考文献 ·· **164**

第1章
无人机结构与飞行原理

无人机系统主要由无人机飞行平台、地面控制站、任务设备等组成。无人机飞行平台主要由结构系统、动力系统、电气系统、控制系统等分系统组成，是利用空气相对运动产生的空气动力升空飞行的航空器。

本书主要阐述的无人机飞行平台包括固定翼无人机、多旋翼无人机、直升无人机等3个类型。

1.1 固定翼无人机结构与飞行原理

1.1.1 固定翼无人机的结构

固定翼无人机是由动力装置产生前进的推力或拉力，由机体上固定的机翼产生升力，在大气层内飞行的航空器。小型固定翼无人机的结构主要包括机身、机翼、尾翼和起降装置。常见的固定翼无人机如图1-1所示。常规布局型固定翼无人机主要结构图如图1-2所示。

（a）常规气动布局型固定翼无人机　　　　　（b）倒V形尾翼固定翼无人机

图1-1 常见的固定翼无人机

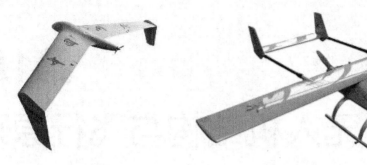

（c）飞翼式固定翼无人机　　　　　　　（d）双垂尾固定翼无人机

图1-1　常见的固定翼无人机（续）

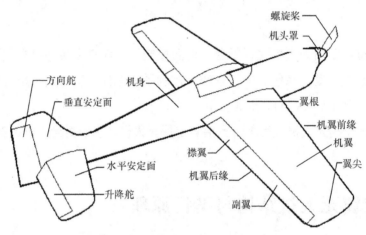

图1-2　常规布局型固定翼无人机主要结构图

1. 机身

机身的主要功用是装载飞行控制系统、电气系统、通信系统、燃料系统及任务系统等机载设备。机身将机翼、尾翼、起降装置及发动机连在一起，形成完整的飞行平台。

2. 机翼

机翼是无人机产生升力的主要部件，如图1-3所示。无人机的性能取决于机翼的设计是否科学合理，设计良好的机翼能够获得较大的升力同时将阻力降至可能的最小值，并有足够的强度和刚性，确保飞行器在最大设计载荷下使用时不变形。好的翼型能够在同样的迎角下有较大的升力系数和较小的阻力系数，这两种系数的比值（升阻比）可达到18以上。机翼在飞行器的稳定性和操纵性中扮演重要角色。机翼上安装的可操纵翼面主要有副翼、襟翼。机翼还可用于安装发动机、起落架及轮舱、油箱。

（1）副翼。机翼后缘外侧的活动部分是副翼，左、右副翼对称安装。副翼通过舵机控制，可上下偏转，两侧副翼的偏转方向相反，操纵飞行器围绕纵轴进行横向活动。

（2）襟翼。有的飞行器在机翼后缘内侧装有襟翼，襟翼是一种增升装置，用于改善飞行器的起降性能。襟翼有许多类型，在无人机上最常用的是分裂式襟翼，即在机翼后部约 20% 处分裂开来，机翼的上表面固定，下表面向下开裂，如图 1-4 所示。

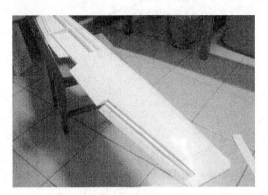

图1-3　机翼

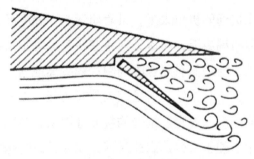

图1-4　分裂式襟翼

分裂式襟翼能够提高升力，升力系数可增加75%～85%，但同时会产生很大的压差阻力，迅速降低飞行速度，一般用于低速飞行器。

比较复杂的襟翼有富勒襟翼、开缝襟翼等，一般用于大型、高端无人机，如图1-5所示。

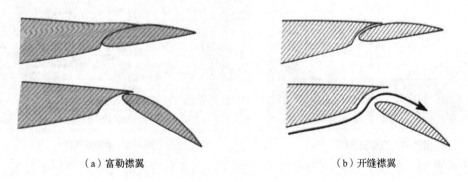

（a）富勒襟翼　　　　　　　　　　　　　（b）开缝襟翼

图1-5　比较复杂的襟翼

按机翼在飞行器上的安装位置，即机翼相对于机身的垂直位置，可以将机翼分为高单翼（也称为肩单翼）、中单翼和下单翼（也称为低单翼），如图1-6所示。

（a）高单翼（肩单翼）

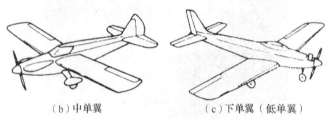

（b）中单翼　　　　　　　　　　（c）下单翼（低单翼）

图1-6　按机翼在飞行器上的安装位置分类

采用高单翼的飞行器的特点是机翼不穿过机身，机身连接机翼的结构比有机翼穿过机身的飞行器简单，通常采用贯通的机翼大梁，具有质量小、强度高、有效升力面积大的优势；机身距离地面比其他布局更近，起落架连接在机身上时不需要很高的起落架支柱，同时能保证飞行器的发动机与地面有足够的间隙；翼尖离地高，在飞行器带坡度或以较大上仰的姿态着陆时，翼尖不易擦地。但是因为其起落架连接在机身上，所以要综合考虑机身与起落架连接处的强度、翼身连接处的整流等因素。在载人飞行器中，采用高单翼的飞行器的下视死角小，便于观察，因此对搜索功能具有特殊要求的小型飞行器多采用高单翼。高单翼飞机如图1-7所示。

中单翼的阻力最低，对于机动性要求较高的飞行器多选择采用中单翼。中单翼最大的问题是机翼大梁结构贯穿机身，机身需要设计要求很高的加强区，且机身空间布局受到很大限制。中单翼飞机如图1-8所示。

图1-7　高单翼飞机

图1-8　中单翼飞机

下单翼的主要优点是起落架支柱不需要太高，容易设计成可收放的起降装置，但是发动机的安装位置总体上偏低，因此对起降场地要求较高。下单翼飞机如图1-9所示。

3. 尾翼

尾翼的主要功用是控制飞行器的俯仰和方向平衡，操纵飞行器围绕横轴和立轴进行俯仰和方向变化活动，常规气动布局型固定翼无人机的尾翼如图1-10所示。

图1-9 下单翼飞机

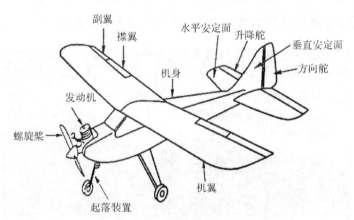

图1-10 常规气动布局型固定翼无人机的尾翼

尾翼分为水平尾翼和垂直尾翼。水平尾翼的固定部分为水平安定面，可上下活动的部分为升降舵，飞行中通过升降舵的上下偏转操纵飞行器围绕横轴进行俯仰运动。垂直尾翼的固定部分为垂直安定面，可左右活动的部分为方向舵，飞行中通过方向舵的左右偏转操纵飞行器围绕立轴进行方向变化。

不少无人机的尾翼采用非常规气动布局，如V形尾翼、倒V形尾翼、双垂尾等，目的都是减小飞行器质量，提高飞行器的气动性能。

4. 起降装置

起降装置的主要功用是支持飞行器在地面停放，并用于飞行器的起飞和降落。小型无人机最常用的起降装置是起落架，根据安装方式可将起落架分为前三点式、后三点式和滑橇式。

前三点式起落架无人机的主轮在无人机重心的后面，前轮在无人机重心的前面，如图1-11所示；后三点式起落架无人机的主轮在无人机重心的前面，尾轮在无人机的尾部，如图1-12所示。前三点式起落架无人机的前轮和后三点式起落架无人机的尾轮是可控的，可以通过控制轮子的方向变化来控制飞行器在地面的滑跑方向。

图1-11　前三点式起落架无人机　　　　　图1-12　后三点式起落架无人机

滑橇式起落架一般用于轻型直升无人机，其结构简单可靠、维护简单，缺点是移动飞机不方便，需要单独加装移动用的轮子。滑橇式起落架无人机如图1-13所示。

图1-13　滑橇式起落架无人机

无人机还有弹射式、伞降式等起降方式，这两种类型的起降方式一般没有起落装置，由地面弹射架弹射起飞，降落伞降落。弹射式无人机和伞降式无人机如图1-14和图1-15所示。

图1-14　弹射式无人机　　　　　　　　图1-15　伞降式无人机

1.1.2 翼型

1. 翼型参数

翼型是机翼的截面形状。翼型主要取决于中弧线（或弯度线）和基本翼型厚度。机翼的截面形状如图1-16所示，机翼截面的几何参数如图1-17所示。

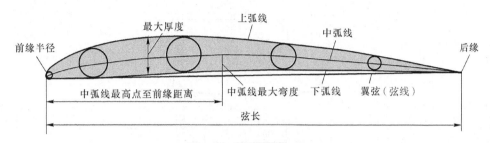

图1-16 机翼的截面形状

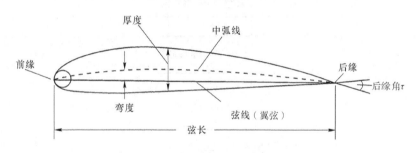

图1-17 机翼截面的几何参数

中弧线——与机翼上表面和下表面等距离的曲线称为中弧线。

前缘、后缘——机翼上表面和下表面的外形线在前端的交点称为前缘，在后端的交点称为后缘。

前缘半径——前缘曲率圆的半径称为前缘半径。

后缘角——后缘上、下两弧线切线的夹角称为后缘角。

弦线——前缘和后缘端点的连线称为弦线，是测量迎角的基准线。

弦长——弦线被前缘、后缘所截的长度称为弦长。

弯度——中弧线到弦线的最大垂直距离。

厚度——机翼截面与中弧线垂直的方向测量的上表面与下表面的距离称为翼型厚度，其最大值称为最大厚度。翼型厚度沿弦线的变化称为厚度分布。翼型的最大厚度与弦长的比值称为相对厚度。如相对厚度10%的翼型，表示最大厚度和弦长的比值是10%。

2. 机翼的形状

（1）机翼的俯视投影形状（平面形状）。无人机机翼的平面形状种类不多，主要有矩形、梯形、矩形＋梯形、矩形＋椭圆形、矩形＋圆弧翼尖、椭圆形等。从空气动力学的观点看，椭圆形的机翼诱导阻力最小，但是制作难度较大。大多数无人机的机翼都采用矩形或梯形的平面形状。理论上,梯形机翼的诱导阻力较接近理想的椭圆形机翼,而且翼肋(翼肋是机翼的横向受力骨架,一般与翼型的形状一致,用来支持飞机机翼的蒙皮,维持机翼的剖面形状)大小变化有规律,制作起来虽不及长方形的方便,但也不十分麻烦。图1-18是几种常见机翼的平面形状。

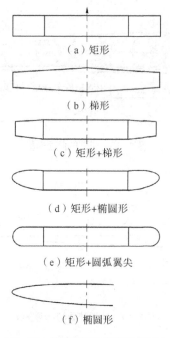

图1-18 几种常见机翼的平面形状

(2)机翼的展弦比。最先研究展弦比的人是莱特兄弟,他们用自己建立的风洞进行了这方面的研究,发现在升力一定的前提下,一个长而瘦(展弦比大)的机翼比一个短而宽(展弦比小)的机翼阻力要小。

改变展弦比的另外一个效果是失速迎角变化,小展弦比的机翼要比大展弦比的机翼失速迎角大,也就是更不容易失速。

展弦比=翼展/平均几何弦长

平均几何弦长=翼面积/翼展

翼展指固定翼飞行器的机翼左、右翼尖之间的距离,是机翼气动外形的主要几何参数之一。

(3)机翼的尖根比。机翼的尖根比是翼尖弦长与机翼翼根处弦长之比。大部分低速飞行器机翼的尖根比一般为 0.4 ~ 0.5。

从工程角度看,飞行器机翼尖根比小于1时,外形看起来很自然。由于机翼的三维效应,翼尖处的气动效率没有翼根处那么大,在一定的来流条件下,翼尖处机翼产生的升力没有翼根处大，阻力却比翼根处大。所以，采用矩形机翼，翼尖处的结构效率就比翼根处要低。

（4）机翼的后掠角。机翼的后掠角主要用于减小跨声速和超声速流的不利影响，虽然在低速无人机中用后掠机翼的比较少，但是在实际应用中，大多数梯形机翼飞行器都带有一定的后掠角。从理论上讲，机翼的后掠角可以改善飞行器的稳定性，大概10°的后掠角的作用相当于1°的上反角。实际应用中，后掠机翼很少再采用上反角或者下反角的设计，以避免过度的稳定。

（5）机翼的平均气动弦长。机翼弦长是机翼流向的长度，也就是连接前缘和后缘的长度。因为除矩形翼之外的机翼弦长是沿展向变化的，所以有平均几何弦长和平均气动弦长的区别。

平均几何弦长是由机翼平面形状的几何要素决定的，完全没有考虑气动的要素。平均气动弦长是确定机翼气动中心位置和计算纵向力矩系数常用的一种基准翼弦。它是把给定机翼的展向各剖面的气动力矩特性加以平均而计算出来的等面积矩形翼的弦长。该矩形翼的力矩特性与给定机翼力矩特性相同。平均气动弦长除计算俯仰力矩时作为基准长度外，在标示重心位置、压力中心、气动中心时，也会被投影在机翼对称面平均气动弦从前缘开始百分之几的位置上。

（6）上反角。上反角是指机翼基准面和飞行器机翼对称面之间的夹角，或者从正面看的机翼与水平面的夹角，如图1-19所示。

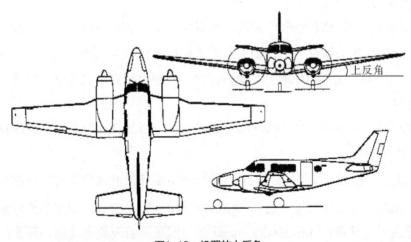

图1-19　机翼的上反角

上反角的作用是使得飞行器偏航时有滚转的趋势，滚转力矩是由上反角引起的侧滑产生的，下沉侧机翼的有效迎角增大，由此引发的滚转力矩大致与上反角成正比。

上反角并不是越大越好，过大的上反角可能引起飞行器偏航和滚转的重复侧向运动。目前还没有一种能综合考虑以上效应的确定机翼上反角的有效方法，实际应用中通常根据经验数据估计。一般而言，低速无人机如采用平直机翼，下单翼的上反角为5°左右，上单翼的上反角为0°～2°。

（7）机翼的扭转角。机翼的扭转角是为了防止翼尖失速，改善其升力分布，使之接近椭圆机翼升力分布的理想状态。一般机翼的扭转角为0°～5°。

（8）机翼的安装角。机翼与机身进行连接安装时，并不都是水平的，机翼的弦线与机身纵轴会有较小的偏离角，这就是安装角。如果机翼无扭转，安装角就是机身纵轴线与机翼弦线的夹角；如果机翼有扭转，安装角为机身纵轴线与翼根处机翼弦线的夹角。安装角的选取原则是使得飞行器在某种设计状态下处于最有利的升阻比状态，一般为巡航状态。小型低速无人机机翼的安装角一般为2°～6°。机翼的安装角如图1-20所示。

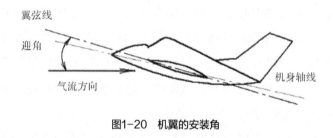

图1-20　机翼的安装角

1.1.3　固定翼无人机飞行原理

1. 空气动力特性

（1）气流特性。物体在空气中运动，或者空气从物体表面流过，空气都会对物体产生作用力，这种作用力被称为空气动力。无人机就是依靠空气动力飞行的。研究无人机升力和阻力的产生及变化等基本空气动力特性，必须先研究空气流动的特性，即空气流动的基本规律。

（2）流线谱。只要空气与物体之间有相对运动，也就是只要有空气对物体存在相对流动，就会产生空气动力。

空气的流动一般是不可见的，但可以通过烟风洞或水洞模拟飞行器周围气流流动的情况，使气流的流动变得可见。空气微团流动的路线就是流线。由许多流线组成的流动图形称为流线谱（见图1-21和图1-22）。既然空气是沿着流线流动的，那么空气就不会从流线一边跑到另外一边去。空气在两根流线间流动，就好像是在一根管子中流动一样。流线组成的管子叫作流管。两条流线间的距离缩小，就说明流管收缩或变细了；两条流线间的距离扩大，就说明流管扩张或变粗了。

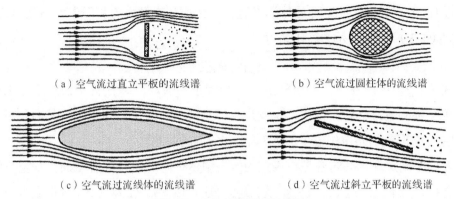

（a）空气流过直立平板的流线谱 （b）空气流过圆柱体的流线谱

（c）空气流过流线体的流线谱 （d）空气流过斜立平板的流线谱

图1-21 物体表面气流的流线谱

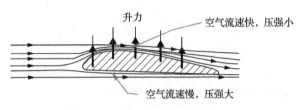

图1-22 机翼表面气流的流线谱

由图1-21和图1-22可以看出：①物体的形状不同，空气流过物体的流线谱就不同；②即使物体的形状相同，只要空气流向物体的相对位置不同，流线谱就不同；③凡是空气流向物体受到阻挡时，流管就要扩张变粗，凡是空气流过物体外凸处时，流管就要收缩变细；④空气流过物体时，在物体的后部都要形成一定的涡流区。

空气的流动也要遵守质量守恒定理和能量守恒定理。在空气动力学中前者称为连续性定理，后者称为伯努利定理。

（3）连续性定理。所谓流体的连续性定理是指当流体连续不断而稳定地流过一个粗细不等的管子时，由于管子中任何一部分的流体都不能中断或挤压出来，因此在同一时间内，流进任意截面的流体质量和从另一截面流出的流体质量应该相等。

如图1-23所示，设空气流过截面Ⅰ的速度为V_1，截面积为A_1，空气密度为ρ_1；空气流过截面Ⅱ的速度为V_2，截面积为A_2，空气密度为ρ_2。按连续性定理，在单位时间内，空气流过任意截面的质量应该相等，即

$$\rho_1 V_1 A_1 = \rho_2 V_2 A_2 \tag{1-1}$$

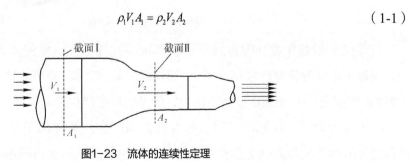

图1-23 流体的连续性定理

式（1-1）就是连续性定理的数学表达式，又称为连续性方程。若空气密度ρ是个常数，则式（1-1）中的ρ可消去，于是得

$$V_1 A_1 = V_2 A_2 \qquad\qquad (1\text{-}2)$$

由式（1-2）可以看出，空气稳定在一个管子中流动时，在管子粗的地方必然流得慢，在管子细的地方必然流得快，也就是说，空气流速的快慢与管子的截面积成反比。这就是空气在低速流动中的流速与管道截面积之间的关系。

（4）伯努利定理。其内容是在稳定的气流中，在同一流管的各截面上，空气的静压与动压之和保持不变。这个不变的数值，就是全压。由此可见，动压大，则静压小；动压小，则静压大。即流速大，压力小；流速小，压力大。其表达式为

$$\frac{1}{2}\rho V_1^2 + P_1 = \frac{1}{2}\rho V_2^2 + P_2 = 常量 \qquad\qquad (1\text{-}3)$$

或

$$\frac{1}{2}\rho V^2 + P = P_0 \qquad\qquad (1\text{-}4)$$

严格来说，伯努利定理在下述条件下才是适用的。

① 气流是连续、稳定的。

② 流动中的空气与外界没有能量的交换。

③ 空气没有黏性，即不考虑气流中的摩擦。

④ 空气是不可压缩的，即密度是不变的。

2. 升力及升力系数曲线

（1）升力的产生。无人机要在空气中飞行，必须要有升力。固定翼无人机的升力主要产生于机翼，原理是无人机运动时机翼上、下压力差不同从而产生升力。机翼上、下表面的压力差越大，产生的升力也就越大，如图1-24所示。

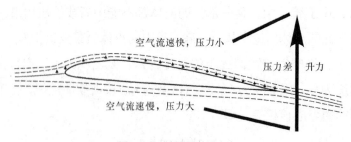

图1-24 机翼升力的产生

机翼通常都制作成如图1-24所示的形状。这样一来，气流流过上表面时速度比较大，流过下表面时速度比较小。根据伯努利定理，气流流速增大则压力减小，所以机翼上表面产生负压力，下表面产生正压力，于是机翼便产生升力。

（2）升力公式。实际上，对于机翼升力的产生，解释起来是比较复杂的，利用伯努利定理来解释机翼为什么会产生升力是一种相对简单的通俗描述，可是当需要对一些

特殊飞行现象进行解释，或对升力进行具体计算时，伯努利定理就很难解释了。

风洞试验和其他试验结果表明，机翼产生升力的大小可用式（1-5）进行计算。

$$L = \frac{1}{2}\rho V^2 S C_L$$

（1-5）

式中：L——升力，N；ρ——飞行器所在高度的空气密度，在海平面及标准大气条件下可用1.226kg/m³；V——飞行器与气流的相对速度，m/s；S——机翼面积，m²；C_L——升力系数。

（3）升力系数曲线。在实际计算中，空气密度、飞行器与气流的相对速度、机翼面积都是恒定的或可计算出来的，而机翼的升力系数只能通过试验（例如用风洞）测量获得。机翼产生的升力大小，除了与空气密度、飞行器与气流的相对速度和机翼面积有关，还与机翼的截面形状（即翼型）、气流与机翼所成的角度（即迎角）等有关。机翼的翼型有千种以上，迎角也可以有许多变化（一般为 -6°～ +18°），如果把这些因素都列入算式中非常麻烦，所以通常是用一个数字（即升力系数）来代替。不同的机翼、不同的翼型在不同的迎角下有不同的升力系数。科学家们花费了很多功夫把各种各样的翼型放在风洞中试验，分别求出了不同迎角下的升力系数，还对这些数据进行了整理，将每个翼型的资料都画成了曲线（如升力系数曲线等）以便查阅。当决定采用某种翼型后，要想算出在一定迎角下能产生多大的升力，只要把有关这种翼型的资料或曲线找出来，查出在某一迎角下可产生的升力系数，然后代入升力公式，就可以计算出升力了。

图1-25中，曲线的横坐标代表迎角（α），纵坐标代表升力系数（C_L），C_{Lmax}为最大升力系数。根据迎角便可以查出相应的升力系数。

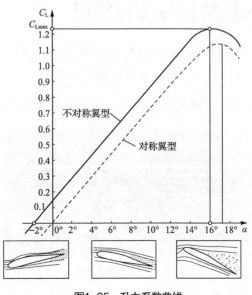

图1-25 升力系数曲线

（4）迎角。迎角 α 是相对气流速度（V）与弦线所成的角度，如图1-26所示。

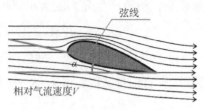

图1-26　迎角（α）

一般的翼型在迎角为0°时仍然会产生一定的升力，因此升力系数在零迎角时不是零，而在负迎角时升力系数才会为零，这时的迎角称为零升力迎角。从这个迎角开始，迎角与升力系数成正比，升力系数曲线成为一根向上斜的直线。当迎角加大到一定程度以后升力系数开始下降。这个使升力系数达到最大值的迎角称为临界迎角。超过临界迎角时，升力突然减小，飞行器可能下坠或自动倾斜，这种情况称为失速。小型无人机的失速现象比较普遍，下面还要进行专门的讨论。机翼能达到的最大升力系数用符号 C_{Lmax} 表示。

为什么一般翼型在迎角为0°时仍然会产生升力呢？这是因为一般翼型的上表面弯曲，下表面比较平直，气流即使在0°迎角时也会使机翼上表面的气流流得快，下表面的气流流得慢，结果还是会产生升力。只有气流从斜上方吹来，迎角为负时，升力才可能等于0。如果翼型是上下对称的那就完全不同了。这种翼型在迎角为0°时不产生升力，升力系数为0。这时候机翼上、下表面的流速一样，只有在正迎角时才会产生升力。

1.2　多旋翼无人机结构与飞行原理

多旋翼无人机（见图1-27）是一种以多个旋翼为动力装置，能够垂直起降的飞行器。多旋翼无人机通常装有4个以上的旋翼作为动力装置，利用空气动力克服自身重力，可自主或遥控飞行，能携带各种任务设备，并可多次回收使用。

图1-27　多旋翼无人机

多旋翼无人机是一种碟形飞行器，它以新颖的结构布局、独特的飞行方式引起了人们广泛的关注，迅速成为国际上新的研究热点。目前民用多旋翼无人机主要分为消费和商用两大类，消费类在数量上占绝大多数，但工业级的商用类多旋翼无人机发展迅猛。可以预见，在不久的将来，多旋翼无人机将成为通用航空领域的主力机型，在很大程度上替代载人直升机。

多旋翼无人机具有固定翼无人机难以比拟的优点：能够适应各种复杂环境；具备垂直起降能力，并能自主起飞和着陆，对起降场地条件的要求极低；高度智能化，使飞行器操纵变得极为简单，甚至不需要经过专业培训就可以操控消费类多旋翼无人机；飞行动作灵活，能以悬停、前飞、侧飞、倒飞等各种姿态飞行；制作容易、成本低廉，模块化结构使非专业人员也能动手制作；携带方便，机动性、隐蔽性强。这些优点决定了多旋翼无人机相较固定翼无人机具有更广阔的应用前景，它不仅可以在室外飞行，也可以在狭小的室内空间中使用，特别是在人员难以接近或很难到达的工作环境，甚至是危险的工作环境，以及即便是熟练的载人机飞行员也不能胜任的飞行条件下。

无人机的高速发展，开辟了人类航空史的新时代。多旋翼无人机是无人机系列中的一朵奇葩。4旋翼无人机是多旋翼无人机中最基本的机型，本章主要以4旋翼无人机为例，介绍多旋翼无人机的有关知识和使用方法。

1.2.1 多旋翼无人机的结构

多旋翼无人机包括以下几个部分：机体结构、飞行控制系统、动力系统等。旋翼是气动部件，所以多旋翼无人机可以根据旋翼的排列形式来进行气动布局分类，而不像固定翼无人机那样是以配平的方式进行气动布局。多旋翼无人机按旋翼数量分为3旋翼、4旋翼、6旋翼、8旋翼、12旋翼等种类，按结构和旋翼分布位置分为十形、#形、Y形、X形和H形等种类。下面以4旋翼无人机为例介绍多旋翼无人机的结构。

1. 机体结构

机体结构是其他机载设备、模块的载体，除机架之外，还包括支臂、脚架、云台。

（1）机架。机架是4旋翼无人机的主体结构，是承载所有设备的基础平台。机架的主要功用：提供安装接口，包括电机、机舱、起落架、外挂设备等的安装和固定孔口；提供稳定坚固的平台，使飞行器在受力时保持稳定、避免损伤，并在满足强度要求的前提下，尽可能减小质量，为提升飞行器性能和增加其他设备提供更大的余量；提供相应的保护装置。

4旋翼无人机的飞行控制平台（机架）可以分为"十"字模式和"×"字模式两种。"十"字模式的机舱通常为圆形，而"×"字模式的机舱采用梭形或其他长条形的比较多，相对而言，"×"字模式比"十"字模式的舱内设备布局更容易些，并且飞行速度和灵活性也有一定优势。但是，对于姿态测量和控制的算法编程来说，"十"字模式较"×"字模式简单，更容易实现。"×"字模式通过同时控制两对旋翼转速的大小来实现飞行控制及姿态的调整，而"十"字模式只需要同时控制一对旋翼的转速就能实现相应的飞行动作。"十"字模式最大的优势是结构简单、容易操作、飞行平稳。因此，综合考虑4旋翼无人机需要的零件、机械结构、制作难度、飞行控制设计及性价比等因素，目前4旋翼无人机大多采用"十"字模式的机架结构。

虽然机架不是4旋翼无人机的核心部件，但机架的质量对其整体质量具有至关重要的意义。品质优良的机架不仅质量小、强度好、可靠性高、使用寿命长，而且具有较好的稳定性基础，有效载重和飞行时间都优于一般的机架。机架按材质分，大致有以下几类：一是塑料机架，刚度和强度较差，但制作容易、价格低廉，适用于消费类无人机；二是玻璃纤维机架，强度优于塑料机架，耐蚀性较好，刚性一般，受力较大时易变形；三是碳纤维机架，质量小，刚度和强度好，经久耐用，但材料和制作成本较高，目前工业级无人机多使用碳纤维机架；四是金属机架，除极个别特殊用途机型，一般很少使用金属机架。

选择机架时，应当考虑以下因素：机架的强度和刚度必须满足要求，并有一定裕度；安装简易，定位准确，紧固件切实可靠；便于合理布线；在保证强度和刚度的前提下，质量尽可能小。

（2）支臂。支臂是机架结构的延伸，用以扩充轴距，安装动力电机。有些多旋翼无人机的脚架也安装在支臂上。

（3）脚架。脚架是用来支撑停放、起飞和着陆的部件，还兼具保护下方设备的功能。有些多旋翼无人机的天线也安装在脚架上。多旋翼无人机的脚架非常类似于直升无人机的滑橇式起落架。

（4）云台。航拍航摄类、测绘类、穿越类的多旋翼无人机均会安装云台作为任务设备的承载结构。云台可以独立加工,也可使用机架的加工工艺在制造其他结构时一起加工。消费类多旋翼无人机的摄像头、相机等任务设备与云台一般会高度集成为一体。

2. 飞行控制系统

飞行控制系统是无人机的核心控制装置，相当于无人机的"大脑"，是否装有飞行控制系统也是无人机区别于普通航空模型的重要标志。零度智控飞行控制系统如图1-28所示。在经历了早期的遥控飞行后，目前其导航方式已经发展为自主飞行和智能飞行。导航方式的改变对飞行控制计算机的精度提出了更高的要求。随着小型无人机执行任务复杂程度的增加，对飞行控制计算机运算速度的要求也变高了，而小型化的要求对飞行控制计算机的功耗和体积也提出了很高的要求。高精度不仅要求飞行控制计算机的控制精度高，而且要求其能够运行复杂的控制算法，小型化则要求无人机的体积小，机动性好，进而要求飞行控制计算机的体积越小越好。

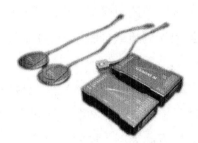

图1-28　零度智控飞行控制系统

飞行控制系统实时采集各传感器测量的飞行状态数据，接收无线电测控终端传输的由地面测控站上行信道送来的控制命令及数据，经计算处理，输出控制指令给执行机构，实现对无人机各种飞行模态的控制和对任务设备的管理与控制，同时将无人机的状态数据及发动机、机载电源系统、任务设备的工作状态参数实时传送给机载无线电数据终端，经无线电下行信道发送回地面测控站。按照功能划分，飞行控制系统的硬件包括主控制模块、信号调理及接口模块、数据采集模块、舵机驱动模块等。

各个功能模块组合在一起，构成飞行控制系统的核心，而主控制模块是飞行控制系统的核心，它与信号调理及接口模块、数据采集模块和舵机驱动模块相组合，在只需要修改软件和简单改动外围电路的基础上可以满足一系列小型无人机的飞行控制和飞行管理功能要求，从而实现一次开发多型号使用，达到降低系统开发成本的目的。飞行控制系统主要完成如下功能。

（1）高精度采集多路模拟信号，包括陀螺信号、航向信号、舵偏角信号、发动机转速、动静压传感器信号、电源电压信号等。

（2）输出开关量信号、模拟信号和脉冲宽度调制（Pulse Width Modulation，PWM）信号等，适应不同执行机构（如方向舵机、副翼舵机、升降舵机、气道和风门舵机等）的控制要求。

（3）利用多个通信信道，分别实现与机载数据终端、全球定位系统（Global Positioning System，GPS）信号、数字量传感器，以及相关任务设备的通信。

飞行控制系统的软件设计分为两部分，即逻辑电路芯片可擦除可编辑逻辑器件（Erasable Programmable Logic Device，EPLD）译码电路的程序设计和飞行控制系统的应用程序设计。软件按照功能划分为4个模块：时间管理模块、数据采集与处理模块、通信模块、控制律解算模块。

通过时间管理模块可在毫秒级时间内对无人机进行实时控制。

数据采集与处理模块采集无人机的飞行状态、姿态参数及飞行参数进行遥测编码并通过串行接口传送至机载数据终端，通过无线数据信道发送到地面控制站进行飞行监控；将姿态参数通过软件内部接口送控制律解算模块进行解算，并将结果通过数模转换（Digital-to-Analog，D/A）通道送到机载伺服系统，控制舵机运行，达到调整飞行器飞行姿态的目的。

通信模块完成飞行控制计算机与其他机载外设之间的数据交换功能。

控制率解算模块是用来进行控制率计算和数据处理的，由小型机载计算机完成，主要作用是处理飞行参数。以舵机驱动为例，控制率解算模块将传感器采集的数据进行处理和控制率计算后得到舵机偏转角，调整PWM波占空比后输出到舵机执行机构，舵机的输出轴经偏转后保持在一定角度位置。

飞行控制系统是4旋翼无人机的核心部件，其性能直接决定了飞行器的性能。

多旋翼无人机的算法复杂，且要求较高的处理速度，以便能及时处理飞行偏差、调节自身平衡，所以普通的单片机系列达不到要求，通常需使用功能强大、功耗超低、拓展功能强的16位处理器。4旋翼无人机是由安装在十字形刚性结构的4个电机作为驱动的飞行器。其飞行控制系统通过调节4个电机的转速使4个旋翼间出现特定的转速差，从而实现飞行器的各种动作。4旋翼无人机通过增大或减小4只旋翼的转速达到4个方向升力的变化进而控制飞行器的飞行姿态和位置的稳定，相对于传统的直升无人机它免去了舵机调节平衡、控制方向，并且不用改变螺旋桨的桨距角，这使得4旋翼无人机更容易控制。但是4旋翼无人机有6个状态输出，即是一种6自由度的飞行器，而它却只有4个输入，是一个欠驱动系统。正因如此，4旋翼无人机非常适合在静态及准静态的条件下飞行。

目前，市场上飞行控制系统的种类繁多、性能各异，有适合消费类飞行器和初学者的入门级飞行控制系统，如KK飞行控制板、FF飞行控制板、MWC飞行控制板等，也有功能强、精度高、材质好的专业级飞行控制系统，如玉兔二代飞行控制板、APM飞行控制板、NAZA（哪吒）飞行控制板、Wookong-M飞行控制板、零度飞行控制板等。

值得注意的是，以往工业级无人机多数是机体和飞行控制系统独立存在，是可以分别购置的，用户可以按照自己的需要选择适合的机体再配置适合的飞行控制系统。而目前多旋翼无人机越来越多地采用机体和飞行控制系统高度集成的一体化设计，飞行控制系统是固化在机体内的，也就是说，选购什么样的机型，就确定了使用什么样的飞行控制系统。因此，在选配机型时，不仅要看机体是否适用，同时必须充分考虑飞行控制系统是否适用。

商用类或其他工业级的多旋翼无人机飞行控制系统的选择，除了价格因素，还应当注意以下问题：一是操控性能，应具有完整的功能和扩展接口，感应灵敏度和控制精度高，确保飞行状态稳定；二是可靠性，应技术成熟，可靠性高，已经过大批量使用实践，并已证明无关键性设计缺陷；三是应能通过地面站实现精确任务设计，并在任务实施过程中进行任务更改、调控和实时动态监控；四是特殊功能，对于特殊行业的用户，飞行控制系统必须能满足飞行任务的需要，并能实现特定的控制目的。

3. 动力系统

电调、螺旋桨、电机和电池组成多旋翼无人机的动力系统。

（1）电调。电调的全称为电子调速器（Electronic Speed Control，ESC），是连接飞行控制系统与电机的部件（见图1-29），主要功能是接收飞行控制系统发出的信号，再将控制信号转换为电流的大小，调节电机转速，从而影响和控制飞行器的飞行状态。因为电机的电流是很大的，如果没有电调的存在，飞行控制系统根本无法承受这样大的电流。另外，飞行控制系统自身也没有驱动无刷电机的功能。

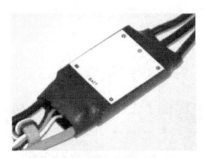

图1-29 电调

电调分为有刷电调和无刷电调，分别配合有刷电机和无刷电机使用。4旋翼无人机使用的是无刷电机，所以应当使用无刷电调。无刷电调的输入是直流电，可以接稳压电源或者锂聚合物电池，输出是三相交流电，直接与电机的三相输入端相连。如果通电后电机反转，只需要将三根线中的任意两根线对换位置即可。

现有的多旋翼无人机主要使用航模电调，分两大类，一类是带免电池电路（Battery Eliminator Circuit，BEC）的电调，另一类是不带BEC的OPTO电调。BEC电调有分流供电能力，可将动力电池电压变为5V电压给飞行控制系统供电，但是一个4旋翼无人机如果4个电调都给飞行控制系统供电，可能会造成冲突，所以要跳掉其中3个电调杜邦线的红线。如果4旋翼无人机使用OPTO电调，就没有这个问题，而且OPTO电调价格便宜一些，但需额外的电源单独给飞行控制系统供电，前提是4旋翼的4个OPTO电调都需要共地，接电源负极，即黑线全部连通。电调有高压、低压之分，12S以上的是高压电调；还有普通与阵列之分，阵列电调散热小、效率高，但价格也更贵；还有快速响应和慢速响应的区别，目前多旋翼无人机都使用快速响应的电调。大多数常见电调都是可以编程的，可通过编程或遥控器设置命令进行多项参数的设置。

电调都会标上其能够提供的电流，如20A、40A等。大电流的电调可以兼容用在小电流的地方，小电流电调不能超标使用。

（2）螺旋桨。螺旋桨是靠电机带动旋转产生升力的重要部件。要注意的是，在多旋翼无人机上，螺旋桨和电机必须匹配使用，否则将损坏电机或电调。

① 螺旋桨基本原理。螺旋桨是安装在电机上为多旋翼无人机提供升力的装置。电机仅仅是将电能转换成机械能，而螺旋桨才是真正产生升力的部件。螺旋桨是一个旋转的翼面，适用任何翼面的诱导阻力、失速和其他空气动力学原理。螺旋桨产生升力的方式非常类似于机翼。其产生的升力大小依赖于桨叶的平面形状、桨叶迎角和电机的转速。螺旋桨桨叶本身是负扭转的（载人直升机的旋翼也是有负扭转的，只是旋翼太长，我们平时注意不到），因此桨叶迎角从毂轴到叶尖是变化的。最大迎角在毂轴处，而最小迎角在叶尖处，如图1-30所示。

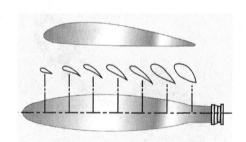

图1-30　螺旋桨桨叶迎角的变化

让桨叶扭转的目的是使得从毂轴到叶尖产生一致的升力。当桨叶旋转时，桨叶的不同部分有不同的实际速度。桨叶尖部线速度比靠近毂轴的部位要快，因为相同时间内叶尖要旋转的距离比毂轴附近要长。从毂轴到叶尖迎角的变化能够在桨叶的不同长度上产生一致的升力。如果螺旋桨桨叶设计成在整个长度上迎角相同，那么效率会非常低。

② 螺旋桨规格及数据表示。螺旋桨主要指标有桨径和桨距（也称为螺距、总距），使用4位数字表示，前面2位代表桨的直径（单位为英寸，1英寸≈25.4mm），后面2位代表桨的桨距。写法有写成1104的，也有写成11×4的；写成11×4.5的，理论上还可写成11045，但为了简化会写成1145。总之1204比1104的桨看起来大，1105比1104的桨看起来陡。

③ 正、反桨。多旋翼无人机为抵消单个螺旋桨的反扭矩，各个桨的旋转方向是不一样的，所以需要正、反桨。正、反桨的气流都向下吹。此处要注意的是，俯视时逆时针旋转的桨是正桨，正桨符合右手定则，攥起右手拳头竖起拇指，拇指指向升力方向，

其他手指指向旋转方向。正桨用CCW表示，第一个C是英文单词Counter（反向）的首字母，第二个C是英文单词Clock（时钟）的首字母，W是英文单词Wise（方向）的首字母，合起来就是逆时针方向。反桨用顺时针（Clock Wise，CW）表示。

（3）电机。多旋翼无人机的三相交流电机通过交流电调把电池的直流电转变成交流电后输入，所以有三根线。小号玩具多旋翼无人机会使用直流电机，因为交流电机无法做得太小，成本也高。直流电机有两根线，接上电池两极就能转，如果要调速，使用的是直流电调。

① 电机原理。电机（见图1-31）俗称"马达"，4旋翼无人机上使用的是无刷电机。无刷电机去除了电刷，相较有刷电机最直接的区别就是没有运转时产生的电火花，这就极大地减少了电火花对遥控无线电设备的干扰。无刷电机没有电刷，运转时摩擦力较有刷电机大大减小，运行顺畅，噪声会小许多，这个优点对于飞行器运行稳定性是一个巨大的支持。无刷电机的常用寿命在几万小时，但是由于轴承的不同，使用寿命也有很大不同。无刷电机通常是由数字变频控制的，可控性强，从每分钟几转到每分钟几万转都很容易实现。

图1-31 电机

② 电机规格及数据表示。

a. 尺寸大小：我们经常能在外转子电机的外壳或者说明书里看到2212电机、2810电机等字样，这4个数字表示的是电机尺寸。不管什么品牌的电机，具体型号都基本对应4位数字，其中前面2位是电机定子线圈的直径，后面2位是电机定子线圈的高度，单位是mm。简单来说，前面2位越大，电机径向尺寸越大，越粗；后面2位越大，电机轴向尺寸越大，越长。很多厂商标注的电机型号数字指的是外转子的尺寸，这不够规范，这样标注的4006电机实际上可能就是3506电机。

b. KV值：KV值为输入电压增加1V时，无刷电机空转（不带桨）转速增加的转速值。例如，1000KV电机，外加1V电压，电机空转时每分钟转1000转，外加2V电压，电机空转时每分钟就转2000转了。尺寸差不多的电机，KV值越小，同等电压下转速越低，扭矩越大，能带的桨越大；KV值越大，同等电压下转速越高，扭矩越小，能带的桨越小。相对而言，KV值越小，效率就越高。航拍要选用低KV值电机配大桨，转速低、效率高，同时低转速电机的振动也小。对航拍来说这些都是极为有利的。

c. 匝数：有些电机上还会标有线圈匝数，如9T、13T，T是Turn（匝数）的英文首字母，其前面数字即为线圈匝数。很多电机撕掉标签后，外壳是一模一样的，这时KV值小的，如500KV的，匝数较小，但上面缠的漆包线比较粗，适合带慢速大桨；KV值大的，如1200KV的，匝数较大，但上面缠的漆包线比较细，适合带快速小桨。

③ 桨机匹配。电机与螺旋桨的匹配，电机、螺旋桨与多旋翼无人机整机的匹配，都是非常复杂的问题，所以建议采用经验配置。这里可以总结几条思路供大家参考。

a. 选布局→选桨→选电机→选电调→选电池（尽量选大桨，尽量低转速）。

对于搭载一定质量的任务设备，飞行一定的时间，总起飞质量可以先估计出一个值；留出冗余量核算出升力；这个升力可以用4个旋翼满足，也可以用6个旋翼满足；每个旋翼轴的拉力和功率可以用大桨低速满足，也可以用小桨高速满足。这时优先选择"×"形布局4旋翼形式，尽量用最大尺寸的桨；如果上级或客户需求不允许，或结构不好布置再考虑6旋翼、8旋翼形式，换中尺寸的桨；如果是带边框的结构形式，桨的尺寸已限制得很小，那就得考虑增加转速，选高KV值电机；之后再分步选择电调和电池。

b. 大螺旋桨用低KV值电机，小螺旋桨用高KV值电机（因为需要用转速来弥补升力的不足）。

如果用高KV值电机带大桨，扭矩不够，转不动或转不快，电机和电调很容易烧坏。如果用低KV值电机带小桨，完全没有问题，只是到了最大转速时升力可能还是不够，导致无法离地。

c. 选择动力冗余配置。

建议根据飞行器整机质量和电机厂家提供的各类螺旋桨的测试曲线图或表格，选择挂载全套设备后依旧有50%或以上动力冗余的螺旋桨与电机配置。多旋翼螺旋桨提供的动力除用于悬停，还要用一部分力来前进、后退、左右平移，最关键的还有抗风，所以建议保留一半的动力来做这些动作，而且可使电池电压降低后不至于因升力不足而坠毁（俗称"炸机"）。通俗来讲就是4个2212电机最大拉力是3300g，整机质量不要超过最大拉力的三分之二，也就是2200g。如果超过这个界限，那么电机就是高负荷运行，后果就是效率变低，电机振动变大，同时可能会影响飞行控制。

对于有动力冗余的6旋翼、8旋翼飞行器来说，如其中1个旋翼出现问题，还能完成降落或返航。如挂载设备后质量已经接近螺旋桨与电机配置的极限，如其中1个旋翼出现问题，飞行控制系统会尝试让其他几个旋翼的电机输出更大的动力来稳定姿态，这会直接让其他几个旋翼的电机、电调迅速达到保护临界，导致电调烧毁、电机过热，甚至"炸机"。

（4）电池。电池（见图1-32）是多旋翼无人机的动力来源，电池的性能很大程度上决定了多旋翼无人机的飞行性能，也是当前多旋翼无人机发展的主要技术瓶颈。电池的质量在多旋翼无人机的整机质量中占有很大的比例，然而多旋翼无人机的续航时间多数不超过30min。电池容量大，质量就大；质量小，则容量就小。这是一对目前难以解决的矛盾。

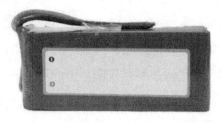

图1-32　电池

① 锂聚合物电池规格及数据表示。

a．电池容量：用Ah（安时）或者mAh（毫安时）标注，表示在一定条件（放电倍率、温度、终止电压等）下电池放出的电量的大小，可以理解为电池的容量，例如标称1000mAh电池，如果以1000mA的电流放电可持续放电1h，如果以500mA的电流放电可以持续放电2h。但是因为电池放电并不均匀，实际和理论还是有些差距的（严格地说，电池容量应该以W·h表示，Ah乘以电压就是W·h，例如坐飞机限制携带电池的容量是160W·h）。

b．电池电压：用V（伏特）标注，表示正、负极之间的电压压降。目前工业生产的锂聚合物电池单体电芯的额定电压大多是3.7V，也有高压版，为了让电池能有更高的工作电压和电量，必须对电池单体电芯进行串联和并联构成锂聚合物电池组，电池组上经常出现S和P的字样，S表示串联，P表示并联。例如"6S1P"就是6节单体电芯串联，"4S2P"就是4节单体电芯串联，然后两串这样的电芯再并联成一块完整的电池。以普通版锂聚合物电池为例，1节单体电芯标称电压为3.7V，"2S"电池由2个3.7V单体电芯串联而成，标称电压为7.4V。

c．放电倍率：锂聚合物电池能以很大的电流放电，普通锂离子电池不能以大电流放电，这是两者最重要的区别之一。放电倍率代表锂聚合物电池放电电流的大小，代表电池放电能力，这个放电能力用电池充放电时电流大小的倍率C来表示。如1200mAh的电池，0.2C放电表示放电电流为240mA（1200mA的0.2倍），1C放电表示放电电流为1200mA即1.2A（1200mA的1倍）。1块1000mAh电池，规格为5C，那么用5×1000mA，得出该电池可以以最大5A的电流放电。这很重要，如果用低倍率的电池大电流放电，电池会迅速损坏，甚至自燃。另外，倍率越高电池越贵，同容量的30C电池价格可能是5C的3~4倍。

d．充电倍率：其与前面介绍的放电倍率类似，只是将放电变成了充电，如

1000mAh电池，2C快充，就代表可以用2A的电流来充电。千万不要图快而贸然用大电流充电，超过规定参数充电，电池很容易缩短寿命或被损坏。

e. 放电终止电压：锂离子电池的额定电压为3.6V（锂聚合物电池为3.7V），终止放电电压为2.5～2.75V（生产厂商会给出工作电压范围或终止放电电压，各厂参数略有不同）。电池的放电终止电压不应小于2.5V。低于终止放电电压继续放电称为过放，过放会使电池寿命缩短，严重时会导致电池失效，其中锂聚合物电池过放会"涨肚"，即内部产生气体，不可复原。电池不用时，应将电池充电到保有20%的电容量，再进行防潮包装保存，3～6个月检测电压1次，并进行充电，保证电池电压在安全电压值（3V以上）范围。

f. 放电温度：不同温度下的放电曲线是不同的。在不同温度下，锂离子电池的放电电压及放电时间也不同，电池应在−20～60℃温度范围内进行放电（工作）。锂聚合物电池中聚合物和凝胶态电解质的离子传导率不如普通锂离子聚合物电池液态电解质那么高，因此在高倍率放电和低温情况下性能不佳。所以，在低温环境中飞行前，需要给电池做好保温。

② 注意事项。

目前多旋翼无人机电源系统多数使用锂聚合物电池，具有尺寸小、质量小、充电时间短、没有记忆效应、适用于重复多次充放电等优点。

锂聚合物电池在使用中应当注意以下问题。

a. 新电池使用前应先检查各单体电压，同一组合中单体间的电压差不应大于0.03V。

b. 正确激活新电池，通常应以慢充方式进行充放电，循环3～5次，可视为激活程序完成。

c. 避免电池经常在极限负荷状态下工作，任何一件物品，如果不把它使用到极限，那么它的寿命一定会更长。再次充电前的电池余量不应低于15%。

d. 正确保存，电池存放应注意防晒、防潮、防爆、防高温，保存温度在10～30℃为好。如需长期存放，应至少每月做一次充放电循环。

e. 使用优质充电器，做到平衡充电，截止电压不得高于规定值，单体间压差通常不高于0.02V，电流放电倍率以0.5～0.8C为最佳。

1.2.2　遥控装置

遥控器（见图1-33）是操控手向飞行器发送指令的重要装备，遥控器的质量和使用对飞行安全至关重要。飞行当中，遥控器的性能很大程度上影响着飞行器姿态控制的灵活性和稳定性。遥控器一旦失灵，意味着飞行器失控，将不可避免地导致严重后果。

图1-33　遥控器

目前市场上的遥控器种类和品牌繁多，商用类或工业级无人机的配套设备应当选用质量可靠、稳定的产品，同时在规格上应满足飞行控制需要。4旋翼无人机至少需要6通道遥控器，优选8通道的。当然，如不考虑价格因素，通道越多，使用功能的扩展余地就越大。遥控器使用中，应注意以下问题。

1. 电源检查及充电

设备自身配有充电器的，可以直接用来对电池充电。没有配充电器的，取出电池用其他充电器代为充电。新电池进行2~3次充、放电之后才能正式投入使用，这样可以保证电池容量和寿命达到规定标准。

2. 开机检查

首先将遥控器天线全部拉出，打开电源开关。这时，有电平指示的应指示在绿色或白色区域的上方，把天线缩短时，电平指示值将下降。然后，将飞行器的接收机电源接通，拨动操纵杆和微调手柄，飞行器上的相应设备应有动作，各通道也不互相干扰，发射机和接收机应工作正常。

3. 拉距离试验。

每次拉距离时，接收机天线和发射机天线的位置应相对固定，原则是要使接收机在输入信号较弱的情况下也能正常工作，才能认可是可靠的。新设备拉距离试验时，应先用短天线（一节），记下它的最大可控制距离，然后再将天线全部拉出，逐渐加大遥控距离，直至出现跳舵。所谓工作正常的标准，是舵机不出现抖动，一般天线全部拉出时无人机应在500m左右仍工作正常。

4. 无桨开机试验

将遥控器全部微调手柄放至中立位置，两个操纵杆和辅助通道的操纵手柄也放在中立位置，确认遥控器工作正常之后，接通无人机上的接收机电源。开机后，检查动作方向，拨动各通道的操纵杆或手柄，检查操纵机构动作方向是否正确；调整舵角，转换开关放至小舵角位置时，拨动操纵杆或手柄，各对应机构应随动性好，无卡滞、跳动等不正常现象。

5. 做好日常维护保养

无线电遥控器是控制无人机的直接工具，是整个无人机系统的关键设备，必须有一套合理的日常维护制度。

（1）保证电源工作正常。严格掌握正确的充电方法，避免过放电和过充电，保证电源可靠地工作，这是确保飞行安全的重要环节。

（2）保证操纵杆、开关的可靠性。对遥控器的各种摇杆、开关、销钉、紧固件，应经常进行检查，确保有效可靠，无论什么时候都不能存有侥幸心理。

（3）使用前要核对中心位置。对杆位与飞行器对应机构的中心位置应有准确定位，并经常进行核对。一旦发现有明显错位，必须停止使用，检查是否有遥控器或飞行器对应设备电压不足、接头或摇杆松动脱落、活动部位安装架开胶等故障。

（4）定期和不定期检查。若有以下情况，应对遥控器进行比较系统全面的检查：连续使用10个起落之后；存放一个月以上；受到剧烈冲击或震动之后；在潮湿、烟雾、沙尘、严寒等恶劣环境中使用过后；等等。

1.2.3 多旋翼无人机的飞行原理

4旋翼无人机也叫4轴无人机，它有4个螺旋桨。4旋翼无人机是结构最简单的无人机，其前、后、左、右各有一个螺旋桨。其中，位于上机架中心的飞行控制板接收来自遥控端或者视觉模块的控制信号，在收到控制信号后通过数字控制方法控制4个电调，电调再把控制命令转化为电机的转速，以达到操作者的控制要求。无人机如何完成操控者的控制要求是本小节主要探究的内容。

1. 4旋翼无人机结构

4旋翼无人机通过改变自身4个旋翼的转速，可以比较灵活地做出各种飞行动作。其依据的主要运动原理是力的合成和分解，以及空气转动扭矩的反向性。4旋翼无人机结构通常有两种模式，即"十"字模式和"×"字模式，两种模式的控制原理不同。Bird-Drone无人机使用"×"字模式。

2. 4旋翼无人机的两种硬件结构

4旋翼无人机通过输出PWM信号来调节4个电机的转速以改变各个旋翼的转速，实现各个桨叶的升力变化，从而控制4旋翼无人机的姿态和位置。在了解其飞行原理之前，要确定无人机的硬件结构，硬件结构决定无人机的不同控制模式，不同控制模式其控制原理也就不同。

4旋翼无人机飞行控制板安装结构的"十"字模式和"×"字模式如图1-34所示。

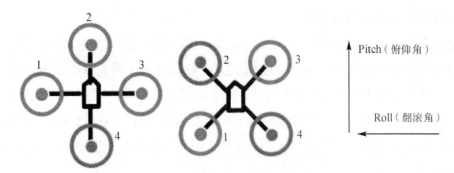

图1-34 4旋翼无人机飞行控制板安装结构的"十"字模式和"×"字模式

图1-34中4个旋翼（1、2、3、4）对称分布在机体的前、后、左、右4个方向，4个旋翼处于同一高度平面，且4个旋翼的结构和半径都相同，需要注意的是一对桨叶为正桨，另一对为反桨，4个电机对称地安装在无人机的支架端，支架中间安放飞行控制板。这是最基本的4旋翼无人机的硬件结构。"×"字模式和"十"字模式这两种模式的区别是什么？将图1-34中的4个电机分为对角的1、3和2、4两组。图1-34中的两个轴所代表的含义是翻滚角和俯仰角，即Roll和Pitch。

"十"字模式：Pitch 对应 2、4 电机的对轴，Roll 对应 1、3 电机的对轴，夹角为0°。

"×"字模式：Pitch 和 Roll 与 1、3，2、4 两组电机呈 45° 夹角。

两者最大的区别在于控制，"×"字模式的对轴平衡控制（Pitch 轴或者 Roll 轴平衡在一个设定角度）需要同时控制4个电机，而"十"字模式的对轴平衡控制只需要控制对边两个电机的平衡，控制原理较为直观。两者各有优势，"十"字模式的4旋翼较为灵活，但是没有"×"字模式的稳定性高，"×"字模式飞行控制比起"十"字模式更难一些。Bird-Drone 系列无人机采用了"×"字模式（见图1-35）。

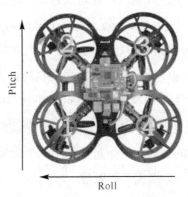

图1-35 Bird-Drone 无人机结构

3. 4旋翼无人机的飞行原理

4旋翼无人机是一种有6个自由度的运动体，4旋翼无人机共有4个输入即4个电机的转速，同时却有6个状态输出即6个方向的运动，所以它是一种欠驱动系统。4旋翼无人机通过调节4个电机转速来改变旋翼转速，通过4个旋翼升力的变化控制无人机的姿态和位置。在4旋翼无人机的电机 1 和电机 3 逆时针旋转的同时，电机 2 和电机4 顺时针旋转。陀螺效应和空气动力扭矩效应被相互抵消，因此当无人机平衡飞行时，4个旋翼的状态如图1-36所示。

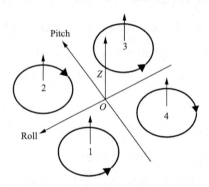

图1-36 4旋翼无人机的平衡飞行力学

图1-36中，Pitch 正方向为向前飞行方向，Roll 正方向为向左飞行方向；电机 1、3 做逆时针旋转，电机 2、4 做顺时针旋转；箭头在旋翼的运动平面上方表示此电机转速提高，在下方表示此电机转速下降。

4旋翼无人机的控制原理如下。当没有外力且4旋翼的重心在中心点时，4个螺旋桨以一样的转速转动，在螺旋桨产生的升力大于无人机受到的重力时，4旋翼无人机就会向上飞行；当此升力等于重力时，4旋翼无人机就可以在空中保持悬停。如果想让4旋翼无人机保持水平悬停状态，当4旋翼无人机的前方旋翼受到向下的外力时，前方的电机会加速旋转，以抵消外力的影响从而保持水平，其他几个方向受到外力时，4旋翼无人机也是通过这种方式保持水平的。当需要控制其向前飞时，前方的两个电机需要减速，而后方的两个电机加速，这样4旋翼无人机就会向前倾斜，也相应地向前飞行。同样，需要向后、向左、向右飞行也是通过这样的控制方法来实现的。当我们要控制4旋翼无人机的机头方向顺时针转动时，4旋翼无人机提高电机 1、3 的转速，同时降低电机 2、4 的转速，在平衡调节后，4旋翼无人机依旧保持平稳，但是逆时针转动的力比顺时针转动的力大，所以机身会向反方向转动，从而达到控制机头方向的目的。这也是要使用两个反桨、两个正桨的原因。

4. "×"字模式与"十"字模式飞行原理

简单了解了4旋翼无人机的力学模型后，再次回到"×"字模式和"十"字模式进行原理上的分析。

对比图1-36和图1-37不难发现，如果想让4旋翼无人机往 Pitch 轴的正方向飞行，"十"字模式只需要降低电机 2 的转速，提高电机 4 的转速，并不需要令电机 1、3 做出转速变化；而"×"字模式则需要同时令电机 2、3 减速，令电机1、4 加速，才能完成往 Pitch 轴正方向飞行的任务。那么，"×"字模式在控制上比较复杂，能带来什么好处？试想，在向前飞行的过程中遇到了气流的干扰，"十"字模式只能调节 2 个电机来抗干扰，"×"字模式却可以使用 4 个电机进行调节，所以"×"字模式的抗干扰能力更强一些，这一点在力学模型上也有体现。

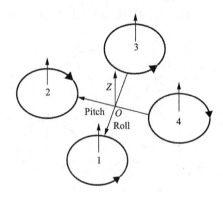

图1-37　"十"字模式4旋翼无人机的飞行力学

5. 4旋翼无人机的 6 种飞行状态

与传统的直升无人机相比，4旋翼无人机有下列优势：各个旋翼对机身所施加的反扭矩与旋翼的旋转方向相反，因此当电机 1、3 逆时针旋转的同时，电机 2、4 顺时针旋转，可以平衡旋翼对机身的反扭矩。4旋翼无人机在空间中共有 6 个自由度（可分别沿 3 个坐标轴做平移和旋转动作），这 6 个自由度的控制都可以通过调节不同电机的转速来实现。其基本飞行状态如下。

（1）垂直运动（见图 1-38）。在 4 旋翼无人机完成 4 轴平衡的条件下，同时增大 4 个电机的输出功率，旋翼转速提高使得总升力增大，当总升力足以克服 4 旋翼无人机受到的重力时，4 旋翼无人机便离地垂直上升；反之，同时降低 4 个电机的输出功率，4 旋翼无人机则垂直下降，直至平衡落地，实现沿 Z 轴的垂直运动。当外界扰动量为零且旋翼产生的升力等于飞行器自身的重力时，飞行器便保持悬停状态。

（2）俯仰运动（见图 1-39）。在 4 旋翼无人机完成 4 轴平衡的条件下，电机 1、4 的转速提高，电机 2、3 的转速降低（改变量大小应相等，在 PID 程序的实现中也有体现）。由于电机 1、4 的转速提高即升力上升，电机 2、3 的转速下降即升力下降，产生的不平衡力矩使机身绕 Roll 轴旋转。同理，当电机 1、4 的转速降低，电机 2、3 的转速提高，机身便绕 Roll 轴向另一个方向运动，实现飞行器的俯仰运动。

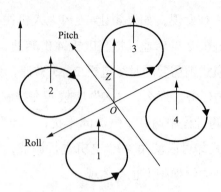

图1-38　4旋翼无人机的垂直运动

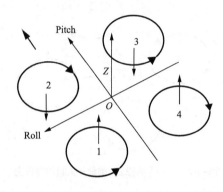

图1-39　4旋翼无人机的俯仰运动

（3）翻滚运动（见图1-40）。与图1-39所示的原理相同，在4旋翼无人机完成4轴平衡的条件下，提高电机3、4的转速，降低电机1、2的转速，则可使机身绕Pitch轴的正向或者反向运动，实现飞行器的翻滚运动。

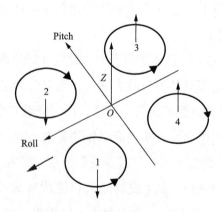

图1-40　4旋翼无人机的翻滚运动

（4）航向运动（见图1-41）。4旋翼无人机做航向运动时，需要配有磁力计，只有带有磁力计补偿的欧拉角才有绝对的航向，否则无人机的航向是随机的，并且会不停地漂移，这样没有太大的控制意义。旋翼转动过程中由于空气阻力的作用会形成与转动方向相反的反扭矩，为了克服反扭矩影响，可使4个旋翼中的2个正转，2个反转，且同一对角线上的旋翼转动方向相同。反扭矩的大小与旋翼转速有关，当4个电机转速相同时，4个旋翼产生的反扭矩相互平衡，4旋翼无人机不转动；当4个电机转速不完全相同时，不平衡的反扭矩会引起4旋翼无人机转动。在图1-41中，当电机1、3的转速提高，电机2、4的转速降低时，旋翼1和旋翼3对机身的反扭矩大于旋翼2和旋翼4对机身的反扭矩，机身便在富余反扭矩的作用下绕Z轴转动，实现飞行器的航向运动，转向与电机1、3的转向相反。

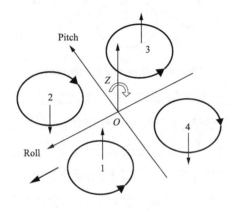

图1-41　4旋翼无人机的航向运动

（5）前后运动（见图1-42）。如果想要实现4旋翼无人机在水平面内前后、左右的运动，必须在水平面内对飞行器施加一定的力。在图1-42中，提高电机1、4的转速，使升力增大，相应降低电机2、3的转速，使拉力减小，同时反扭矩仍然要保持平衡。飞行器会发生一定程度的倾斜，使旋翼升力产生水平分量，因此可以实现无人机的前飞运动。向后飞行与向前飞行正好相反。（在图1-39和图1-40中，无人机在产生俯仰、翻滚运动的同时也会产生沿Pitch、Roll轴的水平运动。）

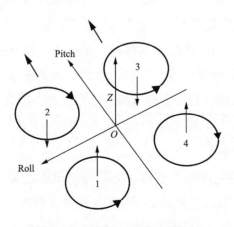

图1-42　4旋翼无人机的前后运动

（6）侧向运动（见图 1-43）。如图 1-35 所示，因为 Bird-Drone 系列无人机的结构是完全对称的，所以其侧向运动的工作原理与前后运动完全一样。

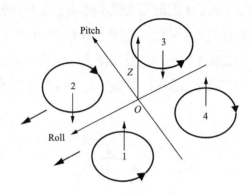

图1-43　4旋翼无人机的侧向运动

总结上述6个飞行状态，有了俯仰运动后才有前后运动，有了翻滚运动后才有侧向运动，而垂直运动和航向运动是2个分离的运动状态。

在控制4旋翼无人机飞行时，有如下技术难点。首先，在飞行过程中它很容易受到气流、磁场等外部环境因素的干扰，使动态性能受到影响。其次，4旋翼无人机是一个具有6个自由度，而只有4个控制输入的欠驱动系统，它具有多变量、非线性、强耦合和干扰敏感的特性，使得飞行控制系统的设计变得非常困难。最后，利用陀螺仪进行物体姿态检测需要进行累计误差的消除，怎样建立误差模型和通过组合导航修正累计误差是一个工程难题。这3个问题的解决与否，是实现微型4旋翼无人机自主飞行控制的关键，具有非常重要的研究价值。

1.2.4　多旋翼无人机的调试

1. 无桨调试

新出厂或组装后首次投入飞行，或进行了结构调整、更换了重要零件，或停放时间较长，或严重损伤后经过修复的多旋翼无人机，都应在正式飞行之前进行无桨调试。

无桨调试的基本内容是：进行通电测试，检查飞行控制系统、电调和电机是否可以正常通电；进行遥控器与飞行器的连接，检查和调整各控制通道的工作状态，确认各个通道可有效控制飞行器；检查各个电机的工作状态，确保转动方向和工作方式正确无误。

无桨调试的基本步骤如下。

（1）连接线路。包括电源线的连接、电调与电机的连接、信号线的连接、接收机与飞行控制系统的连接。线路连接时必须做到：顺序和线序准确无误，输出端和连接端的连接到位且可靠，线路与设备无挤压牵扯，线路之间无缠绕。

（2）发射机（遥控器）检查。检查要求与方法在 1.2.2 小节中已阐述。

（3）接通电源，匹配接收机。每次接通电源前必须检查飞行控制系统、接收机、电调、电机的连接，确保无松动、短路等不正常情况，以免发生意外。连接电源时必须要注意正负极不得接反。电源接通后，按照遥控器说明书的要求，进行遥控器与接收机对码，对码成功后断开飞行器和遥控器的电源。

（4）检查电机。先打开遥控器电源开关，油门置最低位，再接通飞行器电源，等待发射机与接收机连接，此时切不可推动遥控器的摇杆。连接成功后，在确认飞行器和电机周围无任何障碍物的前提下，开始解锁飞行控制系统。飞行控制系统解锁后可推动油门、启动电机，并反复加减油门判断电机旋转方向。

无桨调试的重点检查项目：供电系统的连接和工作情况，匹配接收机，发射机（遥控器）的中点校正，调整解锁，油门行程校正，电机转动方向校正。

2. 有桨调试

经过无桨调试，并排除了一切安全隐患后，可进行有桨调试。有桨调试是在安装桨叶之后进行的测试，确保安全是有桨调试自始至终的关键。因此，有桨调试应严格遵守以下操作要求。

（1）选择具备测试条件的飞行场地。

（2）安装桨叶时，飞行控制系统和电调必须断电。

（3）确认桨叶完好无损。

（4）正桨和反桨必须对应不同的电机安装，不得装反。

（5）桨叶安装必须牢固，防止发生"射桨"事故。

（6）确认电机型号与桨叶匹配。

（7）确认发射机（遥控器）中点和油门行程已校正。

（8）确认发射机（遥控器）电池电量充足。

（9）确认调试飞行器周围 2m 以内无人员和障碍物。

（10）必要时，采用系留装置，限制飞行器飞行范围。

有桨调试主要进行以下内容的测试。

（1）油门测试。推动油门使飞行器平稳离地，上升至一定高度后拉油门操纵飞行器缓慢下降，在一定高度悬停。

（2）偏航测试。左、右摆动操纵杆，使飞行器原地转动，然后在前行状态下进行偏航操作，使飞行器转弯。通过以上动作判断通道选择和电机顺序是否正确。

（3）俯仰测试。机头指向朝前时，前后推拉操纵杆，向前推时飞行器应下俯（前进），向后拉时飞行器则应上仰（后退）。

（4）滚转测试。操纵原理与俯仰测试相似，左、右摆动操纵杆，飞行器即应向左、右滚转或向左、右改变运动方向。

1.2.5 基本操作要求和日常维护

在使用多旋翼无人机的过程中，必须严格遵守使用说明和操作规程，特别应当注重做好以下工作。

1. 加强练习，提高飞行技术

多旋翼无人机的操纵相对于固定翼无人机或直升无人机来讲，难度要小一些，特别是智能化程度较高的多旋翼无人机，基本可以做到完全自主飞行。但这并不意味着可以降低对操控手的技术要求，多旋翼无人机通常在较低高度活动，一旦出现操纵失误，很难把握补救机会，从实际情况来看，多旋翼无人机的飞行事故概率往往高于其他飞行器，并且绝大多数为操纵原因所致。因此，操控手的技术水平对发挥飞行器性能、提高飞行质量、保证飞行安全起着决定性的作用。

多旋翼无人机的基本操作练习一般包括起飞、悬停、降落、上升、下降、旋转、平移、航线飞行等。通过练习，操控手应当能平稳操纵飞行器起飞和降落，稳定保持平飞的方向和高度，转动灵活，旋转角速度均匀一致，各种状态的飞行动作姿态平稳，纵向和横向无明显飘摆。

2. 认真检查，不带故障飞行

飞行前的检查，是实施飞行的重要环节，把一切可能发生的问题在地面上解决，是把飞行事故可能性降到最低的基础。

飞行前检查的重点如下。

（1）飞行器整体目视检查。检查飞行器的外部整体情况，确保飞行器没有外部损伤，各部件之间连接牢靠，紧固件没有松动现象。不得在飞行器上安装任何附加物体。确保 GPS 系统和通信天线安装良好，机舱内部设备安装正确、连接牢固，机舱和电机内无水渗入和结露，机盖固定到位，外挂设备安装正确，无松动脱落危险。

（2）遥控器检查。确保遥控器电池已经充满，天线固定良好，与地面站保持不少于 2m 的距离下测试各指令通道是否正常工作。

（3）地面站检查。确保给地面站供电的电池完全充满，天线安装牢固可靠，卫星接收信号强度符合要求，任务规划正确无误，数据上传和下传工作正常，地面站显示稳定，备份电源处于良好状态。

（4）环境与飞行场地检查。确保场地和净空条件符合起降要求，飞行活动空间内无危险障碍物，尽可能避开无线电干扰源；选择和布置工作区、地面站和起降点，设置警戒线和警戒点；目测天气状况，排除在飞行时间内出现危险天气的可能性，测定风向、风速，确定起降方向。

3. 精心维护，提高飞行器完好率

（1）电池的使用与维护。电池是多旋翼无人机的动力源泉，空中断电是影响飞行安全的最危险因素，因此，正确使用与精心维护电池，对于确保飞行安全至关重要。任何一种电池都有寿命，锂聚合物电池的使用寿命主要是指充放电次数，达到规定使用寿命或出现充电明显延时或最大电量低于标称值 10% 以上的电池，不建议继续使用。需要特别注意的是，机载电子设备一般都不支持热插拔，在连接和断开设备时，必须先断开电源。

（2）碰撞和震动防护。多旋翼无人机应采用箱式收纳的保护措施，收纳箱应有一定的抗压、抗震、抗碰撞强度，有较好的防潮、防尘、防腐性能，箱内应有根据飞行器的形状制作的定位隔断模块，确保安放有序，使用便捷，在各种状态下都不发生部件之间的挤压碰撞。运输时，应采取防滑动、防颠簸、防跌落措施，确保运输安全。电池不得与其他物品混放，必须使用防爆箱单独存放。

（3）妥善存放保管。完成飞行后的当日，应对飞行器进行全面检查，确保状态完好。应定期对飞行器进行清洁，特别是在恶劣环境中使用过的飞行器，应按照"先整体、后分解，先外部、后内部"的顺序，仔细进行清洁擦拭。清洁的重点是电机、飞行控制系统、电调、电台等电子设备，以及飞行器的连接和固定部件。飞行器应在室内存放，环境温度 10 ~ 35℃，相对湿度低于 60%，如在温、湿度条件较差的环境中存放，应定期进行检查，必要时进行地面通电试机。长期存放的飞行器，至少每月进行一次通电试机检查。

（4）日常修理维护。小型无人机通常都不配备专门的维修人员，维修工作由操控手或其他工作人员兼任。掌握一定的维修专业知识，是安全、高效地使用无人机的重要基础。在日常修理维护时，应当严格按照使用手册和维修规程实施，不得随意更改原设计方案，不得随意换用未经检测的重要部件，不得串用不同型号飞行器的部件，不得轻易拆卸、分解密封部件。更换电机、飞行控制系统、电调、电台、导航等重要设备之后，必须先经地面试运行、空中试飞，确认工作正常方能正式投入使用。

1.3　直升无人机结构与飞行原理

直升无人机是一种由一个或多个水平旋转的旋翼提供升力和推进力从而进行飞行的

航空器。直升无人机具有大多数固定翼无人机所不具备的垂直起降、悬停、小速度向前或向后飞行的能力。直升无人机与固定翼无人机相比，弱点是速度低、耗油量较高、航程较短。小型直升无人机如图1-44所示。

图1-44　小型直升无人机

直升无人机的升力产生原理与多旋翼无人机相似，只不过这个升力来自绕固定轴旋转的旋翼。直升无人机不像固定翼无人机那样依靠整个机体向前飞行来使机翼与空气产生相对运动，而是依靠旋翼自身旋转产生和空气的相对运动。但是，在旋翼提供升力的同时，直升无人机机身也会因反扭矩（与驱动旋翼旋转等量但方向相反的扭矩，即反作用扭矩）而具有向相反方向旋转的趋势。为了克服旋翼旋转产生的反作用扭矩，常用的做法是用另一个小型旋翼即尾桨，在机身尾部产生抵消反作用扭矩。

直升无人机飞行的特点如下。

（1）能垂直起降，对起降场地要求较低。

（2）能够在空中悬停，即使直升无人机的发动机空中停车，也可通过操纵旋翼使其自转，可产生一定升力，减缓下降趋势。

（3）可以沿任意方向飞行，但飞行速度较低，航程相对来说也较短。

1.3.1　直升无人机的结构

1. 直升无人机的结构形式

直升无人机旋翼的旋转在产生升力的同时，空气对旋翼的反作用力也形成了一个与旋翼旋转方向相反的力矩，驱使直升无人机的机体反向旋转，这就是所谓的直升无人机力矩及力矩平衡问题。

较早致力于力矩和力矩平衡方面研究的是两个德国人。他们两人都提出了安装一个尾桨来平衡直升无人机旋翼产生的反向力矩的方案。通过安装尾桨，可产生一个平衡力矩，以抵消旋翼产生的反向力矩，保证直升无人机的平衡飞行。此后，许多直升无人机事业的先驱者都试图研究并解决飞行力矩问题，运用两个或更多的旋翼来克服飞行力矩，其原理是使这些旋翼以相反的方向旋转，使各自的飞行力矩彼此抵消以保证平衡。探索的结果是单旋翼带尾桨式直升无人机、双旋翼共轴式直升无人机、双旋翼纵列式直升无人机、双旋翼横列式直升无人机等结构形式的问世，如图1-45所示。

（a）单旋翼带尾桨直升无人机

（b）双旋翼共轴式直升无人机

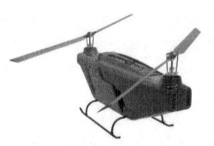

（c）双旋翼纵列式直升无人机

（d）双旋翼横列式直升无人机

图1-45　几种不同结构形式的直升无人机

单旋翼带尾桨式直升无人机构造简单，操纵灵便，成为后来无人直升机的主要结构形式。尾桨主要用来平衡旋翼产生的反向力矩，大的旋翼直径可以有效地提高旋翼升力，因为旋翼升力同旋翼半径的四次方成正比。旋翼直径大，则旋翼的桨盘载荷小，但是，旋翼直径过大，也有其不利方面，主要有机身质量增加、造价提高、所需的存放场地增大、在丛林等复杂地貌条件下机动能力差等。

双旋翼共轴式直升无人机主要优点是结构紧凑，外形尺寸小，这种直升无人机因无尾桨，所以也就不需要装长的尾梁，机身长度也可以缩短。共轴式是在同一个轴上安装两个旋转方向相反的旋翼，这样两个旋翼所产生的力矩就彼此抵消了。共轴式机体部件可以紧凑地安排在无人机重心处，所以飞行稳定性好，也便于操纵。双旋翼共轴式直升无人机与单旋翼带尾桨直升无人机相比，其操纵效率明显有所提高。双旋翼共轴式直升无人机气动力对称，其悬停效率也比较高。

双旋翼纵列式直升无人机机身前后各有一个旋翼，两副旋翼完全相同，但旋转方向相反，它们的反作用扭矩可以互相平衡掉。该类型直升无人机纵向重心范围大，从气动力上来看，前旋翼尾涡对后旋翼会产生气动干扰，后旋翼总是处在非常不利的气动环境中。为降低前旋翼尾涡对后旋翼的气动干扰程度，通常把后旋翼装得高一些。

双旋翼横列式直升无人机的特征是两副旋翼一左一右分别安装在机身两侧的两个支架上。两副旋翼完全相同，但旋转方向相反，其旋转时反作用力相抵消。双旋翼横列式直升无人机最大优点是平衡性好，其缺点与双旋翼纵列式直升无人机差不多，操纵也比较复杂。双旋翼横列式直升无人机要在机身两侧增装旋翼支架，无形中会增加许多质量，而且也加大了气动阻力。

2. 动力系统

从原理上讲旋翼和螺旋桨没有区别，但是旋翼要提供升力和拉力，而螺旋桨仅提供拉力，为了获得足够的升力，桨叶要做得很长，旋翼直径从小型直升无人机的不足1m到大型直升机的20～30m，最大的有32m。桨叶连接在桨毂上，构成整副旋翼。

3. 自动倾斜器

自动倾斜器的核心装置就像一个轴承，外圈不能转，内圈能转。控制舵机或杆就能使这个轴承前倒、后倒、左倒、右倒、上升、下降。由于它像轴承，因此转动的内圈也被迫跟着外圈动作。旋翼上有几个叶片，内圈上一般也会有几个杆连接在叶片前缘，这个杆就是用来调整迎角的，因为杆的长度是一定的，如果在这个角度上轴承靠下方了，那么这个角度上旋翼的迎角就小、升力就小。

自动倾斜器是实现驾驶杆和总距杆操纵的重要部件，由两个主要零件组成：一个不旋转环和一个旋转环。不旋转环安装在旋翼轴上，并通过操纵线与驾驶杆和总距杆相连。它能够向任意方向倾斜，也能沿旋翼轴上下垂直移动，但是不能转动。旋转环通过轴承被安装在不旋转环上，通过拉杆与变距铰（轴向铰）相连，不但能够同旋翼轴一起旋转，而且能够作为一个单元体随不旋转环同时倾斜和沿旋转轴上下垂直移动。

1.3.2 直升无人机的飞行原理

1. 直升无人机的升力来源

直升无人机飞行时，旋翼的桨叶会形成一个带有一定锥度的底面朝上的大锥体，称为旋翼锥体。旋翼的拉力垂直于旋翼锥体的底面，向上的拉力大于直升无人机自重时，直升无人机就上升；小于直升无人机自重时，直升无人机就下降；刚好相等时，直升无人机就悬停。

直升无人机在地面停放时旋翼的桨叶会因为自身质量的作用呈自然下垂状态。直升无人机飞行时，旋翼不断旋转，空气流过桨叶上表面时，流管变细，流速加快，压力减小；空气流过桨叶下表面时，流管变粗，流速减慢，压力增大。因此，桨叶的上、下表面就形成了压力差，桨叶上产生一个向上的拉力。这个拉力的大小受很多方面影响，例如桨叶与气流相遇时的角度、空气密度、机翼的大小和形状、桨叶和气流的相对速度等。各桨叶拉力之和就是旋翼的拉力。

通过自动倾斜器控制旋翼锥体向前、后、左、右各方向倾斜，就可以改变旋翼拉力的方向，实现直升无人机向不同方向的飞行。

2. 直升无人机的旋翼扭转

直升无人机旋翼的桨叶剖面叶片平面形状细长，相当于一个大展弦比的梯形机翼，但旋翼的桨叶要比机翼复杂得多。固定翼无人机的机翼一般都是平的，而旋翼桨叶都是有扭转角的。从机翼的翼尖向翼根（该方向叫机翼的展向）看去，机翼每个截面的弦线基本上是重合或平行的，所以机翼是平的。但旋翼桨叶就不是这样，从桨尖向桨根看去，桨叶各截面的弦线不重合，一般而言，靠近桨尖的部分，弦线倾斜的角度不大，而越靠近桨根，弦线倾斜的角度就越大。那么这样看来，旋翼桨叶就不平了，像是被扭转了一样。

有扭转角，势必就会给生产加工带来困难，毕竟旋翼桨叶不像毛巾，易于扭转，需要用复杂的工艺来实现。那么，桨叶为什么一定要有这个扭转角呢？

从升力方面考虑，对于固定翼无人机来说，由于机翼是固定在机身上的，因此机翼上的每个截面运动速度完全一样，那么每个截面所承受的气动力（升、阻力）就基本一样。旋翼则不同，靠近桨毂的地方，桨叶截面运动速度几乎为零，而靠近桨尖的地方，一般速度范围是180～220m/s，相差太大。如果桨叶没有扭转角，那桨尖的气动力就要远远高于桨根。

所以，靠近桨尖的部分，弦线比较平，这样迎角就会相对较小，气动力会相对小一些，同时相应的激波阻力也会小一些；而靠近桨根的部分，弦线倾斜角就要大一些，这样迎角增大，气动力就会大一些。这样一来，尤其是在高速前飞状态下，激波阻力的影响就会相对小一些，旋翼功耗就会下降。

3. 挥舞铰

旋翼旋转时做圆周运动，由于半径关系，桨尖处线速度很大，而桨叶靠近圆心处的桨根线速度很小，甚至几乎为零，因此单片桨叶上各处产生的升力并不相同，靠近桨尖的地方产生最大的升力，而靠近桨根的地方只产生很小的升力。

此外，当直升无人机前进时，旋翼旋转一圈时在迎风的半圈（前行）和顺风的半圈（后行）中桨叶的相对风速是不同的，一般迎风时大、顺风时小，也因而会造成升力不平衡，即前行桨叶升力大，这会使直升无人机倾斜，并使桨叶根部产生交变弯矩，使桨叶加速损坏。

如果桨叶和桨毂刚性连接，一方面，桨叶上不均的升力会使桨叶产生强烈的扭曲，既会加速桨叶材料的疲劳，又容易引起振动；另一方面，旋翼两侧升力的不均会使机体失去平衡向一侧翻滚。为了解决这些问题，设计者设计了一个铰接装置来连接桨叶和桨毂，即挥舞铰。

挥舞铰也称水平铰，是在桨叶的根部设置的一个水平的轴孔，通过插销与桨毂相连，这种连接方式允许桨叶在一定幅度范围内挥舞。进而，桨叶在前行时，由于升力增加，自然向上挥舞，其运动的实际方向不再是水平的，而是斜线向上的，桨叶实际的迎角也由于这种运动而减小，升力降低。桨叶在后行时，升力不足，自然下降，这种边旋转边下降的运动使桨叶的实际迎角增大、升力增加。同时，由于离心力的存在，桨叶会有自然拉直的趋势，因此不会在升力作用下无限升高或降低，也就是说桨叶的挥舞幅度不是无限的。另外，设计者在机械构造上也采取了相应的措施，保证桨叶不至于因无限挥舞而碰撞机身。

4. 摆振铰

桨叶的挥舞虽然解决了升力不均、材料疲劳等问题，但也带来了新的问题。桨叶向上挥舞时，重心与旋转轴的距离减小，产生的科氏力矩使桨叶加速旋转；桨叶恢复水平时，重心与旋转轴的距离增加，科氏力矩又会使桨叶减速旋转。科氏力矩的大小和方向随着桨叶的挥舞呈现周期性变化，桨叶在水平方向也会前后摇摆，补偿挥舞造成的科里奥利效应。如果不加控制，这种摇摆对桨叶根部的损伤会非常大，解决的办法就是安装摆振铰。

摆振铰也称垂直铰，是在桨叶的根部设置的一个垂直的轴孔，通过插销与桨毂其他结构相连，这种连接方式允许桨叶前、后小幅度摆动，从而避免桨叶根部变弯或疲劳断裂。此外，为了给桨叶绕摆振铰的摆振运动提供阻尼，保证其有足够的稳定性裕度，防止出现"地面共振"，摆振铰上通常还装有摆振阻尼器，称为减摆器。

由于摆振铰的存在，桨叶前行时自然增加后掠角（即所谓"滞后"，因为桨叶在旋转方向上的角速度小于圆心的旋转速度），变相增加了桨叶在气流方向上截面的长度，加强了减小迎角的作用；桨叶后行时，减摆器使桨叶恢复至正常位置（即所谓"领先"，因为桨叶在旋转方向上的角速度大于圆心的旋转速度），加强了增大迎角的作用。因此摆振铰有时也被称为领先滞后铰。

5. 轴向铰

桨叶根部还有一个重要的铰链装置，那就是轴向铰，也称变距铰。它的作用是使桨叶绕其轴线在一定范围内偏转，实现其安装角的改变，从而调整桨叶产生的升力。轴向铰是实现桨叶变距运动的转动关节。

挥舞铰、摆振铰和轴向铰是实现直升无人机控制和旋翼正常工作的关键。

6. 跷跷板铰链

除了采取全铰接式（装有挥舞铰、摆振铰和轴向铰）旋翼的直升无人机，还有采用特殊的铰链——跷跷板铰链的直升无人机。这种铰链直接连接两边桨叶，挥舞时一边上挥，另一边强制下挥，平衡能力非常好。其优点是简单、有效、可靠，造价极低；缺点是适用范围小，只能用于两叶桨的直升无人机。

7. 操纵性

直升无人机旋翼旋转起来，形成一个圆盘形空间，当旋翼旋转形成的空间轴面与地面垂直时，旋翼产生的升力和重力同时作用在铅垂线上，两力平衡则飞行器悬停，不平衡则飞行器上升或下降；当圆盘前倾时，旋翼产生的力前倾，此时的力由竖直向上和水平向前的力共同构成，竖直向上的力使飞行器保持在空中，水平向前的力使飞行器前行。

尾桨的作用是抵消反扭矩和控制机身方向，通过调整尾部螺旋桨产生力的大小和方向，改变机身方向，实现飞行器转向。

1.3.3　旋翼机的飞行原理

从外形看，旋翼机和直升无人机几乎一模一样，机身上方安装有大直径的旋翼，在飞行中靠旋翼的旋转产生升力。但是除去这些表面上的一致性，旋翼机和直升无人机却是两种完全不同的飞行器。

旋翼机实际上是一种介于直升无人机和固定翼无人机之间的飞行器，它除去旋翼外，还带有推进螺旋桨以提供前进的动力，有时也装有较小的机翼在飞行中提供部分升力。旋翼机的旋翼不与发动机传动系统相连，在飞行的过程中，由前方气流吹动旋翼旋转产生升力，是被动旋转；而直升无人机的旋翼与发动机传动系统相连，既能产生升力，又能提供飞行的动力，是主动旋转。在飞行中，旋翼机同直升无人机最明显的区别是：直升无人机的旋翼向前倾斜，而旋翼机的旋翼则向后倾斜。

由于旋翼机的旋翼为自转式，传递到机身上的扭矩很小，因此旋翼机无须安装单旋翼直升无人机那样的尾桨，但是一般装有尾翼，以控制飞行。

有的旋翼机在起飞时，旋翼也可通过"离合器"同发动机连接，靠发动机带动旋转而产生升力，这样可以缩短起飞滑跑距离，等升空后再松开离合器令旋翼在空中自由旋转。旋翼机飞行时，升力主要由旋翼产生，固定机翼仅提供部分升力。有的旋翼机甚至没有固定机翼，全部升力都靠旋翼产生。

旋翼机的飞行原理和构造特点决定了它速度慢、升限低、机动性能较差的特点，但它也有一些优点，即安全性较好，振动和噪声小，抗风能力较强。

由于旋翼机旋翼旋转的动力是由飞行器前进而获得的，如果发动机在空中停车，旋翼机仍会靠惯性继续维持前飞，并逐渐降低速度和高度，在高度下降的同时，自下而上的相对气流可以维持旋翼的自转，从而提供升力。这样，旋翼机便可凭操控手的操纵安全地滑翔降落。即使在驾驶员不能操纵、旋翼机失去控制的特殊情况下，也可以较慢速度降落，因而是比较安全的。当然，直升无人机也具备自转下降安全着陆的能力，但它的旋翼需要从有动力状态过渡到自转状态，这个过渡要损失一定高度。如果飞行高度不够，那么直升无人机就可能来不及过渡而触地。旋翼机本身就是在自转状态下飞行的，不需要过渡，所以也就没有这种安全转换所需的高度约束。

由于旋翼机的旋翼是没有动力的，因此它没有动力驱动旋翼系统带来的较大振动和噪声，也就不会因这种振动和噪声而使旋翼、机体等的使用寿命缩短。旋翼机动力驱动螺旋桨对结构所造成的影响显然比直升无人机动力驱动旋翼要小得多。另外，旋翼机还有一个很可贵的特点，就是它的着陆滑跑距离大大短于起飞滑跑距离，甚至可以不需滑跑，就地着陆。

旋翼机的抗风能力较强，而且在起飞时，风有利于旋翼的启动和加速旋转，可以缩短起飞滑跑的距离，当达到足够大的风速时，一般的旋翼机也可以垂直起飞。一般来说，旋翼机的抗风能力强于同量级的固定翼无人机，而大体与直升无人机相当，甚至在湍流和大风中的飞行能力超出直升无人机的使用极限。

旋翼机可分为两类。一类是需要滑跑起飞的，这种比较简单，大多数旋翼机属于这一类。另一类是可垂直起飞的，其起飞方法有3种：①动力驱动旋翼；②预转旋翼并使其达到正常飞行转速的一定倍数，然后突然脱开离合器，同时使旋翼桨叶变距而得到较大的升力跳跃起飞；③由旋翼翼尖小火箭驱动旋翼旋转而提供升力来实现垂直起飞，这种垂直起飞的过程一般是由自动程序控制来完成的。

思考与练习

一、填空题

1. 垂直尾翼包括固定的垂直安定面和可动的_____。

2. 水平尾翼由固定的水平安定面和可动的_____组成。

3. 低速飞行器上的阻力按其产生原因可分为_____阻力、_____阻力、_____阻力和_____阻力。

4. 直升机的布局形式按旋翼数量和布局方式可分为_____直升机、_____

直升机、_____直升机和_____直升机等几种类型。

二、简述题

1. 无人机与航模的区别有哪些？

2. 直升机三大铰链是哪几个？

3. 航拍多旋翼无人机选择什么样的螺旋桨比较合适？

4. 将飞行器上的碳桨更换为尼龙桨或木桨可以吗，为什么？

5. 无人机低速飞行时，摩擦阻力是废阻力，那么减小摩擦阻力的措施有哪些？

第2章
多旋翼无人机设计

要想更深入地了解多旋翼飞行器，就得知道它们是怎么设计和研制出来的。多旋翼无人机作为行业级或消费级产品，研制的流程比较多，本书对其只进行简单介绍。

2.1 总体参数设计

要想研制一款多旋翼无人机，无论是为了开拓市场，还是为了完成客户与领导的要求，当设计开始时，首先应想到的是该多旋翼无人机的用途，也就是干什么用，搭载什么任务载荷，还要想到要做多大尺寸的飞行器，以及能完成飞行目的的续航时间是多久。

任务设备质量（即载重）$W_{任务}$、总质量（即总重）$W_{总}$、航时h在现阶段技术条件下是设计电动多旋翼无人机最关键的3个基本参数。其他诸如飞多快、用几旋翼、装什么设备、用什么桨，和这3个基本参数相比都是可以放到具体设计里去考虑的。

$W_{任务}$、$W_{总}$、h这3个基本参数是相互约束的，只能根据需求选定其中最重要的2个，进而计算出另一个基本参数的值。如果这3个参数都是定出来的，那么该多旋翼无人机的设计难度就会相当大。

本节我们用公式来推导出$W_{任务}$、$W_{总}$、h这三者的关系，以供大家在设计多旋翼产品时作为基本参考。

2.1.1 多旋翼无人机各部分质量

多旋翼无人机起飞质量即总质量可表示为

$$W_{总}=W_{结构}+W_{动力}+W_{电池}+W_{航电}+W_{任务} \tag{2-1}$$

$W_{结构}$是多旋翼无人机结构质量，即机架、支臂、脚架、机械连接件等的质量，可表示为

$$W_{结构}=f_{结构} \cdot W_{总}=0.2\,W_{总} \tag{2-2}$$

$f_{结构}$为结构质量系数，对于一般的超轻型与微型多旋翼无人机，采用复合材料夹心

模具铺层工艺的可取0.1～0.2，采用碳纤板管材切割组装工艺的可取0.2～0.3，采用塑料模具注塑工艺的可取0.3～0.4。此处我们取0.2。

即使知道工艺，$f_{结构}$严格来说也是个变量。多旋翼无人机变大，这个系数会稍稍变小；多旋翼无人机变小，这个系数会稍稍变大。这就是我们会觉得多旋翼无人机越大，结构越有效率、质量越相对小的原因。另外，诸如边框或折叠的设计都会增加结构复杂度从而使这个系数变大。

$W_{动力}$是多旋翼无人机动力系统，即桨、电机、电调、连线等的质量，不包括动力电池，可表示为

$$W_{动力}=f_{动力} \cdot W_{总}=0.2W_{总} \tag{2-3}$$

$f_{动力}$为动力系统质量系数，对于一般的超轻型与微型多旋翼无人机，可取0.2，想要轻一点，采购价格可能就会贵一点。同样，$f_{动力}$严格来说也是个变量。多旋翼无人机变大，这个系数会稍稍变大；多旋翼无人机变小，这个系数会稍稍变小。例如对于非常小的多旋翼无人机，桨、电机、电调、连线质量占总质量比例不大，机架和电池的质量占总质量的绝大部分；而对于大型的多旋翼无人机来说，电机相对会很重，动力线也很粗、很重。

$W_{航电}$是多旋翼无人机飞行控制、RC接收机、机载数传或机载Wi-Fi模块等的质量，可表示为

$$W_{航电}=0.3kg \tag{2-4}$$

对于一般的在较小半径内作业的超轻型与微型多旋翼无人机，不管设备的品牌与价格有何不同，$W_{航电}$基本都会在200～300g范围内，此处我们使用300g计算。

整理式（2-1）～式（2-4），暂时可以得到总重$W_{总}$、电池重$W_{电池}$、载重$W_{任务}$的关系，即

$$W_{总}=\frac{W_{电池}+W_{任务}+0.3}{0.6} \tag{2-5}$$

2.1.2　整机功重比

多旋翼无人机的快速发展与外转子无刷电机的技术进步是分不开的，按现有水平，各大电机厂商都给出了不同型号电机搭配理想螺旋桨后的效率表。大多数的电机在3～5A的电流下效率最高。通过对测试数据的整理，一般作业飞行的多旋翼无人机在巡航中效率基本保持在8g/W或以上。多旋翼无人机悬停时拉力等于重力，8g/W的经验数据已包含了电调、螺旋桨、电缆、接头，以及多旋翼无人机姿态变换下的拉力分量等衰减因素。将其倒过来就变为

$$\frac{P_{总}}{W_{总}}=\frac{1}{8}\left(\frac{W}{g}\right)=0.125\left(\frac{W}{g}\right)=125\left(\frac{W}{kg}\right)$$
$$P_{总}=125W_{总} \tag{2-6}$$

$\frac{P_{总}}{W_{总}}$就是整机的功率质量比，简称整机功重比。$\frac{P_{总}}{W_{总}}$=125代表每千克的多旋翼无人机

质量需要125W的电机功率才能带起来。式（2-6）中斜体字母代表变量，正体字母代表单位，例如W为不确定的质量，W为功率单位瓦特。

2.1.3　锂聚合物电池能量质量比

多旋翼无人机使用的动力电池大多是高倍率锂聚合物电池。电池性能的发展很快，以2021年下半年的典型电池为例，参数为6S，16000mAh，15C，质量1964g，则它的能量质量比为（为方便计算，时间单位为h，未用国际单位制单位s，h为航时）

$$\frac{P_总 h}{W_{电池}} \approx 180 \left(\frac{W\cdot h}{kg}\right)$$

$$W_{电池} \approx \frac{P_总 h}{180} \tag{2-7}$$

将式（2-6）式代入式（2-7），得

$$W_{电池} \approx 0.694 W_总 h \tag{2-8}$$

2.1.4　载重、航时、总重相互关系计算

将式（2-8）式代入式（2-5），就能得到载重、航时和总重的关系，即

$$W_总 = \frac{W_{任务}+0.3}{0.6-0.694h} \tag{2-9}$$

例2-1　做一款搭载佳能5D MarkⅡ及3轴稳定云台，飞行时间半小时的多旋翼无人机，需要多重的飞行器？

云台接线总共2kg，所以$W_{任务}$=2kg；航时半小时，h=0.5h。将以上数据代入式（2-9）得

$$W_总 = \frac{2+0.3}{0.6-0.694\times 0.5} = \frac{2.3}{0.253} \approx 9.09kg$$

修改一下条件，在现有工艺和技术条件下让航拍机续航时间延长，飞45min需要多重的飞行器？$W_{任务}$=2kg；航时45min，h=0.75h；代入式（2-9），$W_总$约等于29kg。这显然是不行的，因为保证载重和长时间续航是很难兼顾的，这也是我们不遗余力开发汽油发动机混动多旋翼无人机和系留式多旋翼无人机的原因。是不是纯电动的多旋翼无人机就飞不久呢？也不是，这需要我们改善加工工艺，把机体做得更轻的同时使用更轻量化的电机、电调、螺旋桨。假设把结构质量系数$f_{结构}$做到了0.1，把动力系统质量系数$f_{动力}$控制在0.15，这时再计算载重2kg飞45min，得出总重10kg。由此可以得出结论，想要载重不变、航时增加，机体减重可能比增加电池效果更好。

例2-2　一个加上5kg药后总重10kg的植保机，能飞多久？

把式（2-9）变形，得

$$h = \frac{0.6-\dfrac{W_{任务}+0.3}{W_总}}{0.694} \tag{2-10}$$

由题意可知，$W_总$=10kg，$W_{任务}$=5kg，代入式（2-10），得

$$h = \frac{0.6 - \dfrac{W_{任务} + 0.3}{W_总}}{0.694} = \frac{0.6 - \dfrac{5.3}{10}}{0.694} \approx 0.1h = 6min$$

这个时间太短，想要延长时间，只有想办法把结构质量系数 $f_{结构}$ 做到0.1，把动力系统质量系数 $f_{动力}$ 控制在0.15。这时再计算10kg总重、5kg药量的植保机能飞多长时间，得到的结果是19min。需要注意一点，由于药量在逐渐减少，计算得到的6min实际可能是8min、9min；19min实际可能是22 min、23min，为叙述方便，我们就不推导更复杂的公式了。

例2-3　结构质量系数 $f_{结构}$=0.1，动力系统质量系数 $f_{动力}$=0.15的总重为10kg的裸机能飞多久？

由题可知，$W_总$=10kg，$W_{任务}$=0，代入式（2-10），得

$$h = \frac{0.75 - \dfrac{W_{任务} + 0.3}{W_总}}{0.694} = \frac{0.75 - \dfrac{0.3}{10}}{0.694} \approx 1.04\ h$$

这样看来，纯电动的多旋翼无人机飞行超过1h也不难。

无人机结构材料通常根据设计需求来选取，如碳纤维、玻璃纤维、泡沫塑料、铝合金、轻木等，铝合金一般用于一些连接件，如管夹、折叠脚架等，轻木一般用于固定翼无人机，碳纤维、玻璃纤维、泡沫塑料等主要用于多旋翼无人机。无人机材料的性能见表2-1。

表 2-1　无人机材料的性能

参数	材料名称				
	碳纤维	玻璃纤维	泡沫塑料	铝合金	轻木
密度 / (g·cm^{-3})	1.5 ~ 2	2.4 ~ 2.76	0.01 ~ 0.03	2.6 ~ 2.7	0.16 ~ 0.2
刚度 /GPa	23 ~ 43	18.6	2.62	71	1.1 ~ 6.2
强度 /GPa	3500	1000 ~ 3000	54.7 ~ 75.2	103 ~ 513	6.8 ~ 31.5
价格（10个级别，1最便宜）	10	4	1	3	1
加工难易度（10个级别,1最容易）	7	3	3	3	1

2.2　飞行平台设计

2.2.1　气动布局选择（动力分摊）

我们继续使用例2-1，设计一款搭载佳能5D MarkⅡ及3轴稳定云台，飞行时间0.5h的多旋翼无人机。

2.1节已经根据总体设计的式（2-9）计算出此多旋翼无人机起飞质量为9.09kg，即巡航状态下，动力系统的总拉力为9090g。

根据式（2-6）得

$$P_总 = 125W_总 = 125 \times 9.09 \approx 1136W$$

即动力系统巡航总功率为1136W。

现在我们开始进行气动布局和结构形式的选择。分别看"×"形4旋翼和"×"形6旋翼的情况。如果是4旋翼，每个动力轴巡航拉力为2273g，功率为284W；如果是6旋翼，每个动力轴巡航拉力为1515g，功率为189W。结构形式如果是无边框常规式，则结构可能会很轻，结构质量系数可能会低于预计的0.2，也就是飞行性能会比设定的要好；结构形式如果是自动整体变形式，为使产品有卖点，则可能会增加一点结构质量，结构质量系数可能会高于预计的0.2，也就是飞行性能会比设定的差一些。具体如何选择，应从以下几点出发。

（1）产品是否有特殊要求，如必须用4旋翼。

（2）注重气动效率、结构效率的选4旋翼。

（3）注重飞行稳定度、动力系统冗余能力的选6旋翼。

（4）采用复合材料夹心工艺的选4旋翼。

（5）采用板材切割组装工艺的选6旋翼。

（6）外形尺寸限制不高的选4旋翼。

（7）外形尺寸不能过大的选6旋翼。

2.2.2　动力组选型

假如最终选择了4旋翼，得到总巡航拉力为9090g，总巡航功率为1136W，每个动力轴的巡航拉力为2273g，巡航功率为284W。

1. 总巡航功率的实现

1136W的功率可以用4S、14.8V电压和76.8A的总巡航电流来实现，也可用12S、44.4V电压和25.6A的总巡航电流来实现。有条件的话，选择后者，因为像高压输电线一样，电压高、电流小，电缆接头等浪费的电能就少，而且电缆可以更细、更轻。

2. 每个支臂上的功率的实现

接下来要做的是选择一个螺旋桨、电机、电调的搭配，让这个动力组在其支臂动力电流乘以电压等于284W时，拉力达到或超过2273g。

此处是选择一个动力组，而不是单独选择螺旋桨、电机、电调，因为即使分别选用了最贵的螺旋桨、电机、电调，它们搭配起来也未必是最合适的。

一般选择50%或以上动力冗余的螺旋桨与电机配置，因为多旋翼拉力除了用于悬

停，还要用其水平分量来实现稳定与操纵，并且6旋翼、8旋翼还要在部分动力组失效的情况下提高正常动力组功率。所以有

$$L_{最大}=（1+\alpha）L_{巡航} \tag{2-11}$$

式中：α 为安全裕量，即动力冗余。机动性能要求高的会选择很大的 α 值，如2、3；机动性能要求低的会选择较小的 α 值，如0.3、0.5。本例中选择0.5。

$$L_{最大}=（1+\alpha）L_{巡航}=1.5L_{巡航} \tag{2-12}$$

所以，每个动力轴的最大拉力约为3410g，最大功率约为426W。

如果不考虑电调与电缆的效率衰减，先要寻找的是一台最大功率426W，并在284W有巡航功率的电机，再寻找一个合适的螺旋桨，使284W时达到或超过2273g拉力，然后寻找一个合适的电调。

3. 选择螺旋桨应考虑的因素

（1）不同材质的螺旋桨，价格和性能差别较大，应根据实际需要，选择最适合的螺旋桨。

（2）螺旋桨的型号必须与电机的型号相匹配，可参考电机厂家推荐使用的螺旋桨型号，表 2-2 为某品牌无刷电机（X2212）参数。

表 2-2　某品牌无刷电机（X2212）参数

参数	电机 KV 值			
	980	1250	1400	2450
空载电流 /A	0.3	0.6	0.9	1.6
电机电阻 /mΩ	133	79	65	32
最大连续功率 /W	300	390	365	450
质量（含长线）/g	58.5	58	59	57
最大电池节数	2～4	2～4	2～4	2～3
建议使用电调规格 /A	20	30	30	40
推荐的螺旋桨规格	APC8038 APC9047	APC8060 APC9047	APC9047 APC9045	AOC6040
适用于多旋翼无人机的质量 /g	300（3S 038/1047，4S 8038/8043/8045/9047	—	—	尾推特技机 550（3S 6040）

对于电机对应的螺旋桨直径，表2-3列出了几种常用的电机与螺旋桨的搭配。

表 2-3　常用的电机与螺旋桨的搭配

电机 KV 值	螺旋桨直径 /in	电机 KV 值	螺旋桨直径 /in
800～1000	10～11	2200～2600	6～7
1000～1200	9～10	2600～2800	5～6
1200～1800	8～9	＞2800	4～5
1800～2200	7～8		

注：1in ≈ 2.54cm。

4. 电机选用原则

电机特性曲线最主要的参数为电源输入功率、输出功率、电流，以及动能输出的扭矩与转速，图2-1所示为常见的电机特性曲线。

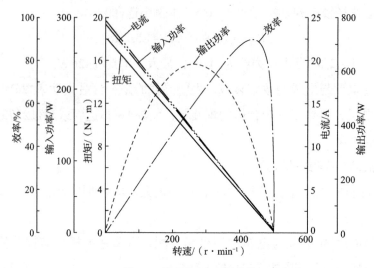

图2-1 常见的电机特性曲线

由图2-1可知，当传递10N·m的扭矩时，相应的转速为220r/min，在此转速下，电机消耗大约12A的电流。当电机以最大效率运行时，标称（即最佳）值比较适用，但是在实际操作中，电机的工作点并不总是与这些值一致，因此效率会降低，故在实际操作中，电机的运行温度往往会高于预期。

需特别注意的是，电机输入源分为电压及电流两部分，但在图2-1中没有体现电压信息，因为电压一般皆为固定值，不会变动。在实际使用时，可能会因为电源不稳定而产生输入电压下降，在未考虑电压的情况下，可能会造成输入功率及效率的计算错误。

通常根据机架尺寸选取相应KV值的电机，常用搭配见表2-4。

表2-4 电机与机架常用搭配

机架尺寸	电机 KV 值	机架尺寸	电机 KV 值
350～450	1000 左右	180	3000 左右
250	2000 左右		

5. 电调选用原则

根据选用原则确定好电机之后，便可知其最大电流，可以根据电机的最大电流选择电调。应比较各品牌电调的性能参数和性价比，选择最合适的电调。电调和电机要合理匹配，选择时一般遵循如下原则。

（1）电调的输出电流必须要大于电机的最大电流。

（2）电调能够承受的最大电压要大于电池电压。

（3）电调最大电压不能超过电机能够承受的最大电压。

（4）电调最大持续输出电流要小于电池持续输出电流。

例如，现有电机带螺旋桨的最大电流是20A，那么就必须选取能输出20A以上电流的电调（25A、30A、40A），越大越保险。

6. 电池选用原则

（1）电池输出电流一定要大于电机的最大电流。

（2）电机工作电压由电调决定，而电调电压由电池输出决定，所以电池的电压要等于或小于电机的最大电压。

（3）电池电压不能超过电调最高承载电压。

（4）电池的放电电流达不到电调的电流时，电调就发挥不了最高性能，而且电池会发热，甚至爆炸，所以一般要求电池的持续输出电流大于电调的最大持续输出电流。

（5）电池要与机架匹配。电池容量与无人机续航能力密切相关，电池容量越大，续航能力越强。但不同尺寸的机架选用的电池容量不一样，电池与机架的常用搭配见表 2-5。

表 2-5 电池与机架的常用搭配

机架	电池	机架	电池
QAV180	3S 1300mAh 25C/45C	F330	3S 2600mAh 25C/45C
QAV250	3S 2200mAh 25C/45C	F450	3S 3300mAh 25C/45C

2.2.3 重要尺寸的确定

影响多旋翼无人机尺寸的几个核心参数为：①以动力电池为首的大尺寸机载物品体积、质量；②螺旋桨数量与桨径；③任务设备体积。

继续使用例2-1，设计一款搭载佳能5D MarkⅡ及3轴稳定云台，飞行时间0.5h的多旋翼无人机，动力选型时选择了巡航功率284W的6515电机；配20×7（桨径508mm）螺旋桨；电池选择了12S、12 800mAh、10C的动力电池，其尺寸为200mm×100mm×70mm。另外，采购佳能5D MarkⅡ及3轴稳定云台，总高度为250mm，回转直径为300mm。

以动力电池为首的大尺寸机载物品体积、质量决定了不包括支臂的机架本体尺寸最小体积。此处选取直径300mm，高150mm。

螺旋桨数量与桨径决定了多旋翼无人机的水平尺寸及支臂的长短。此处取轴距1m，支臂长度350mm。

任务设备体积决定了脚架的尺寸与样式。此处取脚架最小间距340mm，脚架离地高度300mm。

思考与练习

一、填空题

1. 多旋翼无人机起飞质量即总质量由_____、_____、_____、_____、_____组成。

2. 大多数的电机在3～5A的电流下效率是最高的。通过对测试数据的整理，一般作业飞行的多旋翼无人机在巡航中效率基本保持在_____或以上。

3. 多旋翼无人机结构材料通常选用_____、_____、_____。

4. 动力组选型时，有条件一般会选择电压_____、电流_____，电缆接头等浪费的电能就_____，而且电缆可以_____。

5. 一般选择_____动力冗余的螺旋桨与电机配置，因为多旋翼拉力除了用于悬停，还要用其水平分量来实现稳定与操纵。

二、简述题

1. 设计电动多旋翼无人机最关键的3个基本参数是什么？三者之间有什么关系？

2. 整机的功率质量比是如何计算出来的？此参数代表了什么？

3. 若锂聚合物电池的参数为3S、2200mAh、20C，质量180g，求它的能量质量比。

4. 如果设计出来的电动多旋翼无人机续航时间太短，想要延长时间，应该采取什么办法？

5. 在选用动力系统中的电调的时候，一般遵循哪些选用原则？

第3章
4旋翼无人机三维建模

无人机系统仿真的结构如图3-1所示，主要包括仿真模块、模型库、材质纹理库、飞行数据模块、通信模块、日志记录模块（本书不介绍）、视频回放模块（本书不介绍）等。

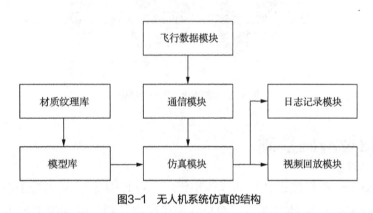

图3-1 无人机系统仿真的结构

无人机仿真系统的核心模块一般使用高级程序语言（如C++）编写，也可以直接调用第三方三维可视仿真软件实现。

仿真模块主要完成以下功能。

（1）接收通信模块传来的飞行数据。

（2）从模型库导入飞行器模型、场景模型、声音模型，并对飞行器进行姿态和位置调整。

（3）驱动飞行器模型按照飞行数据在场景中进行模拟飞行。

模型库为仿真系统提供系统模型（包括飞行器模型、场景模型、建筑物模型、声音模型等，其中飞行器模型最为重要），并从材质纹理库读取纹理介质，将纹理介质贴于飞行器或场景表面，使模型更加美观、逼真。

材质纹理库为模型库中的各种模型的表面提供纹理介质，主要起美化作用。

飞行数据模块中的数据可以来自实时的飞行数据，也可以来自飞行动力学模型的模拟数据（如使用MATLAB/Simulink构建动力学模型进行模拟）或者离线的外部数据。

通信模块负责飞行数据模块与仿真模块之间的通信，一般使用socket编程实现，飞行数据模块作为客户端，仿真模块作为服务端。在数据链路层可以使用循环冗余校验码对飞行数据进行检验。

多旋翼无人机的三维模型需要用三维建模软件来建立，市面上通用的三维建模软件如SolidWorks、UG、CATIA等都可实现。本书以SolidWorks为建模软件，建立如图3-2所示的4旋翼无人机三维模型。

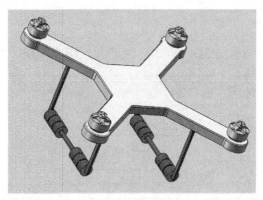

图3-2　4旋翼无人机三维模型

3.1　SolidWorks基础

SolidWorks是一种机械设计自动化应用程序，设计师使用它能快速地按照其设计思想绘制草图，尝试运用各种特征与不同尺寸生成模型并制作详细的工程图。SolidWorks最强大的功能之一就是对零件所做的任何更改都会反映到所有相关的工程图或装配体中，当修改图纸时，三维模型、各个视图、装配体都会自动更新。

SolidWorks 不仅是一款功能强大的CAD（Computer Aided Design，计算机辅助设计）软件，还允许以插件的形式将其他功能模块嵌入主功能模块。因此，SolidWorks具有在同一平台上实现CAD、CAE（Computer Aided Engineering，计算机辅助工程）、CAM（Computer Aided Manufacturing，计算机辅助制造）"三位一体"的功能。

3.1.1　模型设计

1. 设计过程

设计过程通常包含以下步骤。

（1）确定模型要求。

（2）根据确定的需求构思模型。

（3）基于概念开发模型。

（4）分析模型。

（5）建立模型原型。

（6）构建模型。

（7）根据需要编辑模型。

2. 设计意图

设计意图是确定所做的更改如何表现在模型上。例如，如果制作了一个带有孔的凸台，则在凸台移动时孔也应该移动。设计实施过程与设计意图越接近，模型的整体性就越强。许多因素都会影响设计实施过程，举例如下。

（1）当前需求。理解模型的用途以实现高效设计。

（2）考虑将来的事项。预先考虑将来潜在的需要，以便最大限度地减少重新设计的工作量。

3. 设计方法

在开始设计模型之前，要对模型的生成方法进行细致的规划。落实需求并确定适当的概念以后，可以开发模型。

（1）草图。生成草图并决定如何标注尺寸，以及在何处应用几何关系。

（2）特征。选择适当的特征（如拉伸和圆角），确定要应用的最佳特征并且决定以何种顺序应用这些特征。

（3）装配体。选择要配合的零件和要应用的配合类型。

3.1.2　用户界面

整个结构围绕着SolidWorks基本文件类型即零件、装配体和工程图展开。例如，在生成装配体之前须先生成零件。零件是SolidWorks中的基本组件，装配体由零件或称为子装配体的其他装配体组成，将零件添加至装配体，指定配合和使用关联设计方法对零件进行装配。SolidWorks模型包括定义其边线、面和曲面的3D几何体，该软件可以快速、精密地设计模型。

1. 新建零件文件

单击"新建" 　（标准工具栏）选项，或单击"文件"→"新建"选项，弹出"新建SOLIDWORKS文件"对话框，如图3-3所示。在"新建SOLIDWORKS文件"对话框中，选择"part"选项，然后单击"确定"按钮，新的零件文件随即打开。

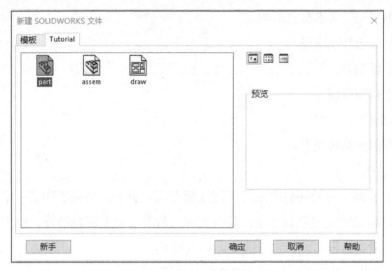

图3-3 "新建SOLIDWORKS文件"对话框

进入零件绘制界面，如图3-4所示，右侧窗格为图形区域，此窗格用于生成和处理零件、装配体或工程图，左侧窗格为FeatureManager 设计树，用于显示零件、装配体或工程图的结构。例如，从FeatureManager 设计树（见图3-5）中选择一个项目，以便编辑基础草图、编辑特征、压缩和解压缩特征或零件。

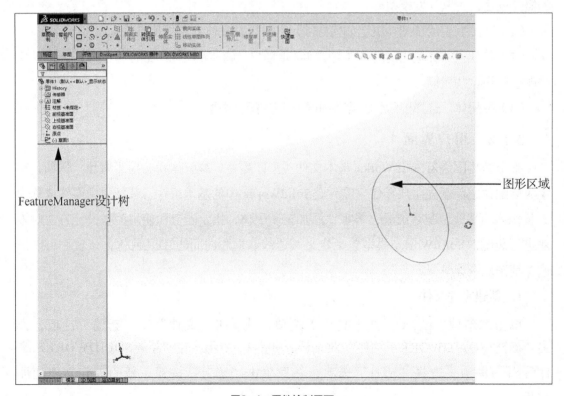

图3-4 零件绘制界面

图3-5　FeatureManager 设计树

2. 菜单

可通过菜单访问SolidWorks 命令，如图3-6所示。按照Windows 惯例，SolidWorks 菜单包括子菜单、指示项目是否激活的复选标记等，还可以通过单击鼠标右键使用上下文相关快捷菜单。

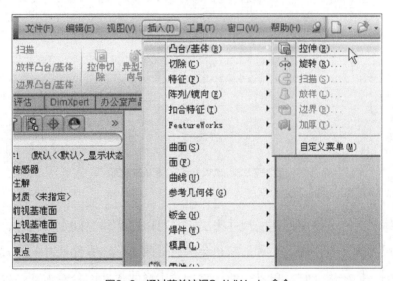

图3-6　通过菜单访问SolidWorks命令

3.1.3　草图

草图是大多数3D 模型的基础。通常，创建模型的第一步是绘制草图，之后可以从草图生成特征。将一个或多个特征组合即生成零件，然后可以组合和配合适当的零件来生成装配体，由零件或装配体来生成工程图。

2D草图指的是2D轮廓或横断面。可以使用基准面或平面来创建2D草图。除了2D草图，还可以创建包括X轴、Y轴和Z轴的3D草图。创建草图的方法有很多种。所有草图都包含原点、基准面、尺寸等元素。

1. 原点

在许多情况下，都是从原点开始绘制草图，原点为草图提供了定位点。

草图中还包含中心线。中心线是通过原点绘制的，用于生成旋转特征。

2. 基准面

绘制草图时，首先要设置基准面，SolidWorks有3个默认基准面，如图3-7所示。首先确定绘图基准面，选择要显示的3个基准面（前视基准面、上视基准面及右视基准面）之一。

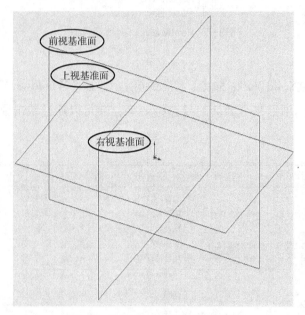

图3-7　SolidWorks 3个默认基准面

3. 尺寸

草图实体的大小最终由标注的尺寸来决定。可以在实体之间定义尺寸，如长度和半径。当更改尺寸时，零件的大小和形状也会随之更改。标注零件尺寸的方式将决定能否保持设计意图。标注尺寸时，可以在属性管理器中修改尺寸的公差形式、公差值、尺寸箭头形式及尺寸文本。本书使用驱动尺寸和从动尺寸两类尺寸。

（1）驱动尺寸。

使用尺寸标注工具可以生成驱动尺寸。当更改驱动尺寸的数值时，模型大小也随之更改。驱动尺寸指能够改变几何体形状或大小的尺寸，改变尺寸的数值将引起几何体的变化。

（2）从动尺寸。

某些与模型相关的尺寸为从动尺寸。可以使用尺寸标注工具创建从动尺寸或参考尺寸以供参考。当修改模型中的驱动尺寸或几何关系时，从动尺寸的数值也随之更改。除非将从动尺寸转换为驱动尺寸，否则无法直接修改从动尺寸的数值。

① 线性尺寸标注。

线性尺寸一般分为水平尺寸和垂直尺寸，可用来标注线段长度或两点间的距离，如图3-8所示。

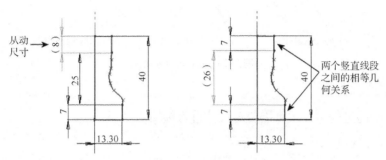

图3-8 线性尺寸标注

② 角度尺寸标注。

在"智能尺寸"标注状态下，用鼠标左键选择两条不平行或不垂直的直线，或者选择三个不共线的点就可以进行角度尺寸标注，如图3-9所示。

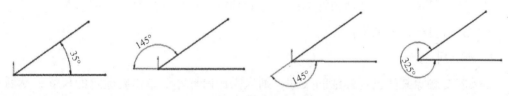

图3-9 角度尺寸标注

③ 圆弧尺寸标注。

圆弧尺寸标注分为圆弧半径标注、圆弧弧长标注和圆弧弦长标注。

a. 圆弧半径标注。

用鼠标左键单击要标注的圆弧，移动鼠标拖出半径尺寸后，在合适位置放置尺寸，如图3-10（a）所示，并在弹出的"修改"对话框中输入尺寸数值，单击"确定"按钮即可完成标注。

b. 圆弧弧长标注。

用鼠标左键分别单击圆弧的两个端点，再单击圆弧，移动鼠标拖出的尺寸即为圆弧弧长，如图3-10（b）所示，在弹出的"修改"对话框中输入尺寸数值，单击"确定"按钮即可完成标注。

c. 圆弧弦长标注。

用鼠标左键分别单击圆弧的两个端点，并在弹出的"修改"对话框中输入尺寸数值，单击"确定"按钮即可完成标注，标注的圆弧弦长如图3-10（c）所示。

标注草图尺寸时，最好先标注尺寸值较小的尺寸，再标注尺寸值较大的尺寸，这样可以避免草图出现严重的变形。

（a）圆弧半径标注　　（b）圆弧弧长标注　　（c）圆弧弦长标注

图3-10　圆弧尺寸标注

④ 尺寸编辑。

在草图设计的过程中，常常需要对尺寸进行编辑。

a. 修改尺寸数值。

在草图绘制状态下，移动鼠标指针至需修改数值的尺寸附近，当尺寸被高亮显示时双击鼠标左键，在弹出的"修改"对话框中输入尺寸数值，单击"确定"按钮，即可完成尺寸的修改。

b. 修改尺寸属性。

尺寸属性是指包含尺寸数值在内的尺寸的特征，如尺寸的箭头类型、公差、显示精度、尺寸的前缀和后缀文字信息等。

c. 删除尺寸。

如果需要删除某些已经标注的尺寸，则只需用鼠标左键单击要删除的尺寸，然后按Delete键即可。

4. 草图定义

草图可以分为完全定义、欠定义和过定义。

（1）完全定义。在完全定义的草图中，草图中的所有直线和曲线及其位置均由尺寸或几何关系或同时用两者说明。在使用草图生成特征之前，无须完全定义草图。完全定义草图显示为黑色。

（2）欠定义。通过显示草图中的欠定义实体，可以确定要完全定义草图需要添加的尺寸或几何关系。可以根据颜色提示来确定草图是否为欠定义。欠定义草图显示为蓝色。除了颜色提示，欠定义草图中的实体在草图中不固定，因而可以拖动它们。

（3）过定义。过定义草图包含多余且相互冲突的尺寸或几何关系。可以删除过定义的尺寸或几何关系，但是不能编辑它们。过定义草图显示为黄色。

5. 绘制草图辅助线

在绘制过程中，如绘制实体镜像时，需要有对称轴作为镜像的基准轴，此时需要绘制辅助线作为基准轴，如图3-11所示。

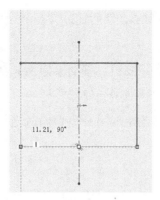

图3-11 绘制辅助线作为基准轴

6. 草图绘制过程

（1）绘制直线。

① 单击/单击方式绘制直线。

移动鼠标指针到欲绘制直线的起点，单击鼠标左键，然后移动鼠标指针到直线的终点，这时在绘图区域中会显示将要绘制的直线预览，再次单击鼠标左键，便可完成直线绘制。

② 单击/拖动方式绘制直线。

移动鼠标指针到欲绘制直线的起点，按住鼠标左键不松开，然后移动鼠标指针到直线的终点，这时在绘图区域中会显示将要绘制的直线预览，松开鼠标左键，便可完成直线绘制。

③ 绘制与直线相连的圆弧。

在直线的终点按住鼠标左键不松开，移动鼠标指针远离直线终点，然后移动鼠标指针返回直线的终点，并再次移动鼠标指针远离直线终点，这时在绘图区域中会显示将要绘制的圆弧预览，如图3-12所示。

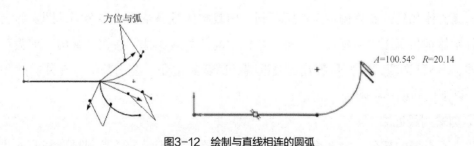

图3-12 绘制与直线相连的圆弧

（2）绘制圆。

单击工具栏中的"圆"按钮，鼠标指针变成笔状，移动鼠标指针至圆心位置处，单击鼠标左键并移动鼠标指针，这时在绘图区域中会显示将要绘制的圆预览，鼠标指针旁提示圆的半径，将鼠标指针移至适当位置后再次单击鼠标左键，便可完成圆的绘制，如

图3-13所示，先以任意半径绘制圆形，然后通过"智能尺寸"选项约束半径尺寸。

（3）绘制矩形。

单击工具栏中的"边角矩形"按钮，移动鼠标指针至矩形边角位置处，单击鼠标左键并移动鼠标指针，这时在绘图区域中会显示将要绘制的矩形预览，鼠标指针旁提示矩形的长和宽的值，将鼠标指针移至矩形另一边角的适当位置后再次单击鼠标左键，便可完成矩形的绘制，如图3-14所示。

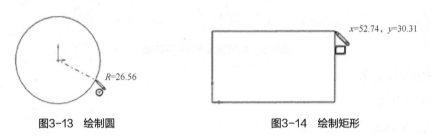

图3-13　绘制圆　　　　　　　　　　图3-14　绘制矩形

（4）绘制圆角、倒角。

绘制圆角（见图3-15）和倒角（见图3-16）的功能主要用于在线段之间添加圆角或倒角，通过单击工具栏中的"绘制圆角"或"绘制倒角"按钮，或选择下拉菜单"工具"→"草图工具"→"圆角"（或"倒角"）选项，系统会自动弹出属性管理器，也可通过"智能尺寸"选项编辑圆角（或倒角）的半径，如图3-17所示。

图3-15　绘制圆角　　　　图3-16　绘制倒角　　　　图3-17　编辑圆角的半径

（5）剪裁和延伸。

剪裁实体和延伸实体侧重点有所不同，剪裁实体是将草图中多余的草图实体剪掉，而延伸实体是将草图实体延长。单击工具栏中的"剪裁实体"按钮，弹出"剪裁"属性管理器，有5种选项，它们是剪裁到最近端、剪裁到边角、在内剪除、在外剪除和强劲剪裁，以下仅介绍其中两种。

①剪裁到最近端。

单击不需要的部分，将多余的线条删除。如图3-18所示为剪裁到最近端的剪裁前后对比效果。

②强劲剪裁。

在绘图区中，按下鼠标左键并移动鼠标指针，使其通过欲删除的线段，鼠标指针通过的部分则被剪裁，如图3-19所示。在"强劲剪裁"工具激活时，在图形区中单击鼠标左键选取实体，移动鼠标可延伸或缩短实体，如图3-20所示。

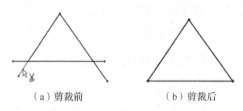

（a）剪裁前　　　　　　　（b）剪裁后

图3-18　剪裁到最近端的剪裁前后对比效果

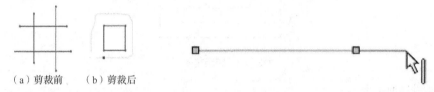

（a）剪裁前　（b）剪裁后

图3-19　强劲剪裁的剪裁前、后效果　　图3-20　在"强劲剪裁"工具激活时延伸或缩短实体

（6）镜像。

镜像功能用来将草图的一部分按对称性复制到另一侧，镜像直线的端点、镜像圆弧的圆心之间有一一对应关系，如图3-21所示。如果更改被镜像的实体，则其镜像图像也会随之更改。

（a）镜像前　　　　　　（b）镜像过程中　　　　　　（c）镜像后

图3-21　镜像

（7）草图阵列。

草图阵列功能用来对草图中的局部结构进行复制，并将这些复制的结构按一定的排列方式进行布置。草图阵列分为圆周草图阵列和线性草图阵列（见图3-22）。

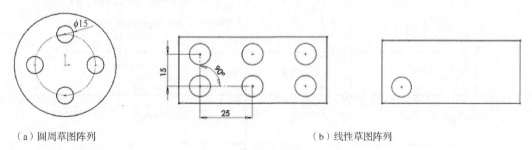

（a）圆周草图阵列　　　　　　　　　　　（b）线性草图阵列

图3-22　草图阵列

（8）等距实体。

等距实体是按特定的距离等距生成诸如样条曲线或圆弧、模型边线组、环等草图实

体，如图3-23所示。"等距实体"管理器中的设置项目如下。

① 等距距离：输入距离数值来等距生成草图实体。

② 添加尺寸：在草图中显示等距尺寸。

③ 双向：在两个方向同时生成等距实体。

④ 制作基体结构：将原有草图实体转换成构造线。

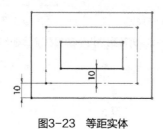

图3-23 等距实体

（9）草图几何关系。

草图几何关系有自动几何关系和手动添加几何关系两种。几何关系是在草图实体之间建立的，如相等和相切等。SolidWorks草图几何关系如图3-24所示。

几何关系	图标	类型	注释
水平		推理	绘制水平线
垂直		推理	按垂直于第一条直线的方向绘制第二条直线。 草图工具处于激活状态，因此草图捕捉中点显示在直线上
平行		推理	按平行几何关系绘制两条直线
水平和相切		推理	添加切线弧到水平线
水平和重合		推理	绘制第二个圆。 草图工具处于激活状态，因此草图捕捉的象限显示在第二个圆弧上
竖直、水平相交和相切		推理和添加	按中心推理到草图原点绘制圆（竖直），水平线与圆的象限相交，添加相切几何关系
水平、竖直和相等		推理和添加	推理水平和竖直几何关系。 添加相等几何关系
同心		添加	添加同心几何关系
水平		添加	添加水平几何关系到样条曲线控标

图3-24 SolidWorks草图几何关系

3.1.4 拉伸

拉伸就是把一个草图沿垂直方向伸长，伸长的方向可以是单向或双向。拉伸主要分为拉伸凸台/基体、拉伸薄壁和拉伸切除三种类型，下面主要介绍第一、三种。

建立拉伸特征的主要条件如下。

（1）必须有一个草图，如图3-25（a）所示。

（2）必须指定拉伸的类型及相关的参数，如图3-25（b）所示。

1. 拉伸凸台/基体

拉伸凸台/基体的操作方法如下。

（1）选择下拉菜单"插入"→"凸台/基体"→"拉伸"选项。

（2）在工具栏中单击"拉伸凸台/基体"按钮，在弹出的对话框中设置所需的拉伸总深度为40mm，如图3-25（b）所示。如要加上拔模角度，单击"拉伸拔模角"选项进行设置勾选，如有必要可勾选"向外拔模"选项，效果如图3-25（c）所示。

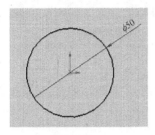

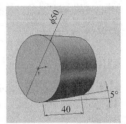

（a）草图　　　　　（b）拉伸凸台/基体参数对话框　　　　　（c）效果

图3-25　拉伸凸台/基体

2. 拉伸切除

拉伸切除的操作方法如下。

（1）选择下拉菜单"插入"→"切除"→"拉伸"选项。

（2）在工具栏中单击"拉伸切除"按钮。

在弹出的对话框中选择拉伸的终止类型为"完全贯穿"，设置所需的拉伸总深度。如要加上拔模角度，单击"拉伸拔模角"选项进行设置，如图3-26所示。

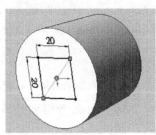

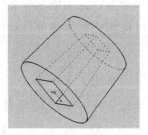

（a）草图　　　　　（b）拉伸切除参数对话框　　　　　（c）效果

图3-26　拉伸切除

3.1.5　装配体

在建立装配体之前，需要先准备装配体零件。通过使用同心和重合等配合，可以将多个零件集合为装配体。配合定义了零件允许的移动方向，借助移动零件和旋转零件等工具，可以看到装配体中的零件如何在3D关联中运转。为确保装配体正确运转，可以使用碰撞检查等装配体工具，在移动或旋转零件时发现其与其他零件之间的碰撞。

1. 装配体定义

装配体是保存在单个SolidWorks文件中的相关零件集合，该文件的扩展名为 .sldasm。

装配体定义一般需注意以下两点。

（1）最少可以包含两个零件，最多可以包含超过一千个零件。

（2）装配体中的零件是通过装配配合相互关联定义的，可以使用不同类型的配合（如重合、同心和距离配合）将装配体的零件连接在一起。

2. 装配体生成方法

可以使用两种基本方法生成装配体，即自下而上设计和自上而下设计，也可以将二者结合使用。不论使用哪种方法，目标都是配合这些零件，以生成装配体或子装配体。

（1）自下而上设计。

在自下而上设计中，先生成零件并将其插入装配体，然后根据设计要求配合零件。当使用先前已经生成的现成零件时，自下而上设计是首选的设计方法。

自下而上设计的优点：因为零件是独立设计的，与自上而下设计相比，自下而上设计中零件的相互关系及重建行为更为简单。使用自下而上设计可以专注于单个零件的设计工作。当不需要建立控制零件尺寸的参考关系时（相对于其他零件），此方法较为适用。

（2）自上而下设计。

在自上而下设计中，设计工作从装配体开始。可以使用一个零件的几何体来帮助定义另一个零件，生成影响多个零件的特征，或生成组装零件后才添加的加工特征。例如，可以将布局草图或者定义固定的零件位置作为设计的开端，然后参考这些定义来设计零件。

自上而下设计又称为关联设计。例如，可以将一个零件插入装配体中，然后根据此零件生成一个夹具。使用自上而下设计在关联中生成夹具，可参考模型的几何体，通过与原零件建立几何关系来控制夹具的尺寸。如果更改零件的尺寸，夹具会自动更新。

3.1.6 工程图

工程图是用来表现制造设计的2D文件，可从零件或装配体生成工程图。工程图提供多个视图，如标准三视图和等轴测视图（3D）等，如图3-27所示。可以从模型文件向工程图导入尺寸并且添加注解（如基准目标符号）等。

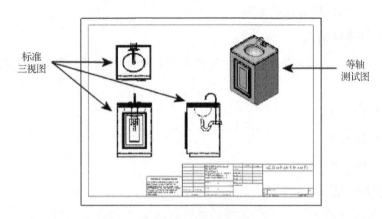

图3-27 工程图

3.2 三维零件建模

本书将无人机三维模型结构分为中心板、脚架、海绵、电机四大部分，以大疆F450型4旋翼无人机为例进行三维建模。

3.2.1 中心板三维建模

1. 零件建模的基本规则

最佳观察视角的确定主要应从以下几个方面综合考虑。

① 零件放置方位应使主要面与基准面平行，主要轴线与基准面垂直。

② 尽可能多地反映零件的特征形状。

③ 较好地反映各结构形体之间的位置关系。

④ 有利于减少工程视图中的虚线，并方便布置视图等。

2. 合理选择零件最佳轮廓

所谓零件最佳轮廓是指建立零件第一个特征时应选择的草图。设计人员的设计意图直接决定了零件最佳轮廓。对零件的结构特点进行深入分析，加上设计者丰富的机械方面的知识及经验，才能得到良好的设计意图。

一般而言，可以把分析重点放在找出零件的主体结构方面，最能反映零件主体结构的草图往往可作为零件最佳轮廓。

3. 合理选择第一参考基准面

SolidWorks提供了3个默认的参考基准面，即前视基准面、上视基准面和右视基准面，草图设计应从哪一个基准面开始，这是需要认真考虑的。

理论上讲，第一参考基准面的选择往往不会影响零件建模的成败，但会影响零件的观察视角，也会影响建模方法的效率。

4. 合理分解零件结构

对零件结构进行合理分解，有助于有效使用各种建模特征。分解零件结构通常按以下步骤进行。

（1）划分结构层次。

（2）安排分解顺序。

（3）确定结构关系。

5. 合理使用特征

特征使用在很大程度上会影响零件后期的修改方法和修改的便利性，合理的特征建模应当充分考虑零件的加工方法和结构特点。

表3-1中列出了本书中使用的工具在菜单、工具栏和CommandManager中的位置。

表3-1 本书中使用的工具在菜单、工具栏和 CommandManager 中的位置

工具	图标	菜单	工具栏（T）	CommandManager
新建		文件→新建	标准	菜单栏
保存		文件→保存	标准	菜单栏
选项		工具→选项	标准	菜单栏
草图		插入→草图	草图	草图
智能尺寸		工具→尺寸→智能	草图	草图
矩形		工具→草图绘制实体→矩形	特征	特征
拉伸凸台 / 基体		插入→凸台 / 基体→拉伸	特征	特征
抽壳		插入→特征→抽壳	装配体	装配体
插入零件		插入→零件→现有零件 / 装配体	装配体	装配体
配合		插入→配合	装配体	装配体

0

6. **实际操作步骤**

绘制如图3-28所示的中心板。

注：① 在许多情况下，都是从原点开始绘制草图，原点为草图提供了定位点。② 中心线是通过原点绘制的，用于生成旋转特征。在草图中，中心线是必不可少的，它可以用于帮助建立对称关系、应用镜像关系，以及在草图实体之间建立相等和对称关系。③ 利用对称工具，可更加快捷地生成轴对称模型。

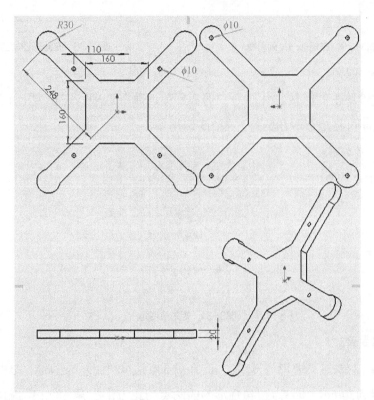

图3-28　中心板及三视图

操作步骤如下。

（1）绘制矩形草图。

① 用鼠标左键单击"边角矩形" 选项（草图工具栏）进入草图模式，或用鼠标左键单击"工具"→"草图绘制实体"→"矩形"→"中心矩形"选项，通过"智能尺寸"选项约束尺寸为160mm×160mm的矩形。

② 在矩形的一角画斜线，如图3-29所示，用"智能尺寸"选项约束该斜线与相邻边的角度为45°，斜线长度为50mm。

③ 画辅助线作为镜像的对称轴，用鼠标左键单击"实体"选项，选择"镜像"选项，四个角都画斜线，如图3-30所示。

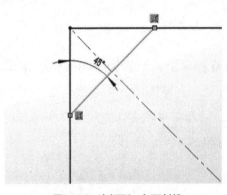

图3-29　在矩形一角画斜线

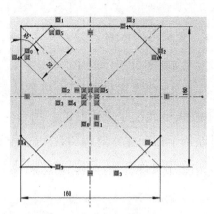

图3-30　在矩形四角画斜线

（2）矩形去四角。

用鼠标左键单击"剪裁实体"→"剪裁到最近端"选项，在模型上用鼠标左键单击不需要的部分即可将矩形四角剪掉，如图3-31所示。

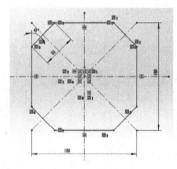

图3-31　矩形去四角

（3）绘制支臂。

用鼠标左键单击"矩形"选项，选择"3点边角矩形"选项，约束矩形长度为145mm，宽度为50mm（即3点边角矩形的前两点与正方形去角的斜边两端点重合），将支臂的对称中心线作为"镜像"命令的辅助线，如图3-32所示。

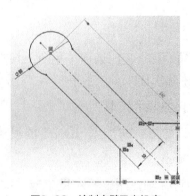

图3-32　绘制支臂及电机座

（4）绘制电机座。

在支臂顶端绘制圆形电机座，作半径30mm的圆，将圆心放在对称辅助线上，约束圆心到中心板中心直线距离为248mm，如图3-32所示。

（5）制作中心板4个支臂。

用鼠标左键单击"剪裁实体"→"剪裁到最近端"选项，将电机座圆里面的多余线条剪掉，用鼠标左键单击"镜像"选项，以中心板过中心的垂直、水平辅助线为对称轴，两次镜像可得到完整的4个支臂，如图3-33所示。

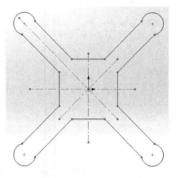

图3-33　制作中心板4个支臂

（6）中心板拉伸。

退出草图，用鼠标左键单击"特征"→"凸台拉伸"选项将中心板进行纵向拉伸，设置拉伸厚度为20mm。

（7）制作电机座安装凹槽。

以电机座的圆心为圆心，以半径5mm绘制圆，并将圆镜像到4个电机座。退出草图，通过"特征"→"拉伸切除"选项实现4个电机座上的4个小圆拉伸切除，凹槽厚度为1mm，带电机座安装凹槽的中心板如图3-34所示。

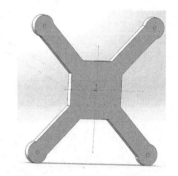

图3-34　带电机座安装凹槽的中心板

（8）在脚架安装处制作圆形凹槽。

脚架安装处所在平面为电机座安装凹槽的对立面，以此对立面为基准面作圆，圆心在支臂对称辅助线上，半径5mm，约束圆心到中心板中心水平距离为110mm，再将此圆镜像到4个轴上，以此小圆为基础制作凹槽，通过"特征"→"拉伸切除"选项设置凹槽深度为1mm，如图3-35所示。

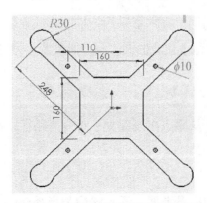

图3-35　在脚架安装处制作圆形凹槽

3.2.2 脚架三维建模

绘制如图3-36所示的脚架。

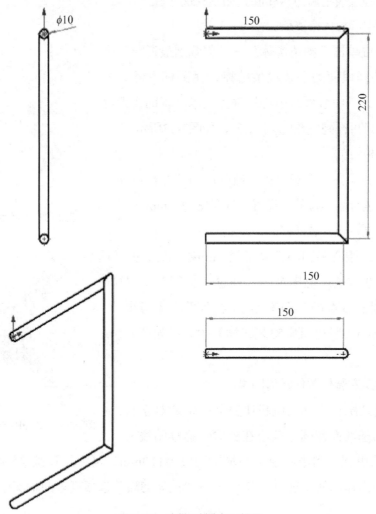

图3-36 脚架及其脚架三视图

脚架的设计可以有不同形式，本书采用扫描的形式设计。扫描是通过沿着一条路径移动轮廓（截面）来生成基体或生成曲面，两个必备要素为轮廓和路径。

具体操作步骤如下。

1. 建路径

基准面选右视基准面，从原点出发建立三折线为路径，约束宽度为150mm，长度为220mm。

2. 建轮廓

退出草图，基准面选前视基准面，设计轮廓为半径5mm，原点为圆心的圆。轮廓为一个普通的平面草图，在扫描过程中轮廓决定了扫描中任意截面的形状。创建好的轮廓和路径如图3-37所示。

3. 扫描

通过"扫描"选项，分别选中轮廓和路径两个草图，实现脚架的3D绘制，如图3-38所示。

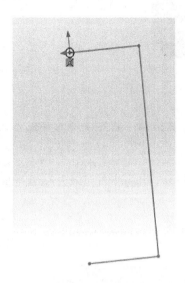

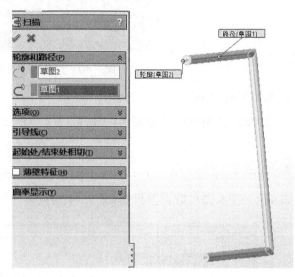

图3-37　轮廓和路径　　　　　　　　　　　图3-38　扫描细节

3.2.3　海绵三维建模

海绵为套在脚架上的装置，主要用于缓冲无人机起飞、降落时受到的震动。下面绘制如图3-39所示的海绵。

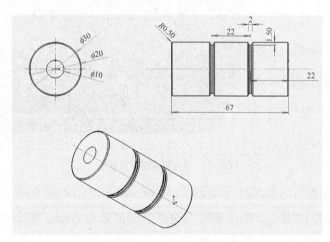

图3-39　海绵三视图

具体操作步骤如下。

1. 绘制贯穿通孔圆柱体

建立新零件，以前视基准面为例，草图绘制以原点为圆心，大圆半径为15mm，小圆

73

与大圆为同心圆，小圆半径为5mm。进行拉伸操作，整体拉伸厚度67mm，完成贯穿通孔圆柱体，如图3-40所示。

图3-40 贯穿通孔圆柱体

2. 绘制两个凹槽

图3-39所示的海绵凹槽深度为1.5mm，宽度为2mm，两凹槽大小相同，在轴线方向上相距22mm。

（1）通过在参考几何体上添加基准面绘制扫描的路径，此基准面与最近端圆平面距离为22mm，基准面参数设置界面如图3-41所示。

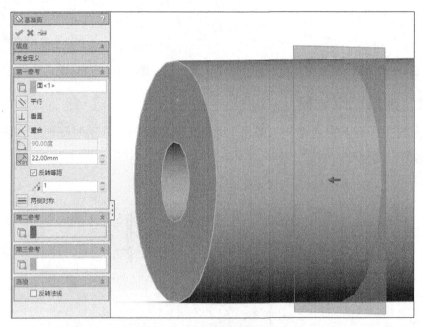

图3-41 基准面参数设置界面

（2）以右视基准面为基准面作草图，以步骤（1）添加的基准面与右视基准面相交线上的任意点为矩形的中心，绘制矩形，约束矩形宽度为2mm，矩形下沿与圆柱体的右视图上边线距离为1.5mm，如图3-42所示。

（3）通过"切除 - 扫描"选项绘制凹槽，轮廓为步骤（2）绘制的矩形，扫描路径为步骤（1）基准面上的圆（此圆半径15mm，圆心为贯穿通孔圆柱体的轴心线与基准面的交点），如图3-43所示。

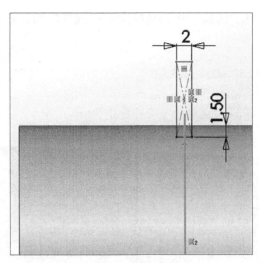

图3-42 绘制凹槽矩形

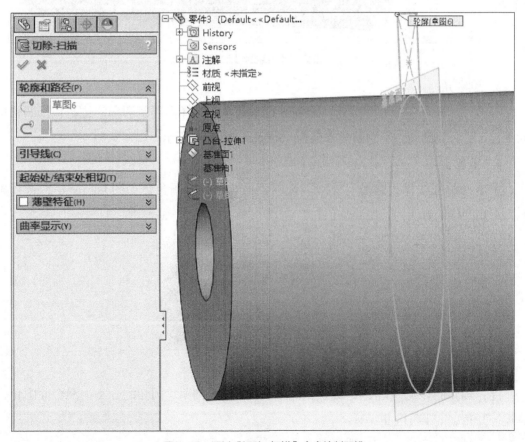

图3-43 通过"切除-扫描"命令绘制凹槽

（4）通过"特征"中的"线性阵列"选项可以将步骤（3）切除 - 扫描的凹槽线性阵列到指定位置，如图 3-44 所示。

注：所谓"阵列"是将零件的特征或实体按要求的定位重复地生成，可以方便、快

捷、精确地创建零件的重复结构。阵列类型主要有线性阵列、圆周阵列、草图驱动的阵列和镜向阵列等。

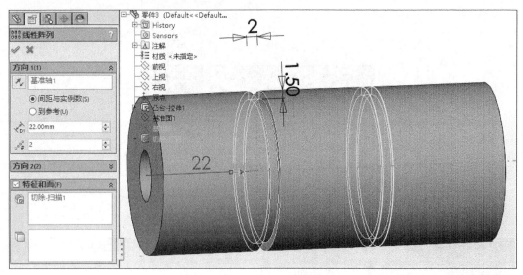

图3-44　线性阵列凹槽

3. 倒圆角

可通过"特征"中的"圆角"选项进行倒圆角，选择需要倒圆角的边，包括凹槽里的圆边，进行倒圆角，所倒圆角半径为0.5mm，如图3-45所示。

4. 上色

单击海绵圆柱体，选择"外观"选项，再选择凸台颜色，如图3-45所示，选择黑色，可用同样的方法为其他面上色。

图3-45　倒圆角和上色

注：倒角的分类为角度-距离、距离-距离、顶点-倒角。圆角的分类为混合面圆角、等半径圆角、变半径圆角。

3.2.4　电机三维建模

在电机三维建模设计前，需要看懂电机三视图，如图3-46所示，电机分为电机底部、中部、上部和顶部四部分，在顶部和底部分别有4个小的凹槽设计，上部有用不同曲线设计的斜面凹槽。

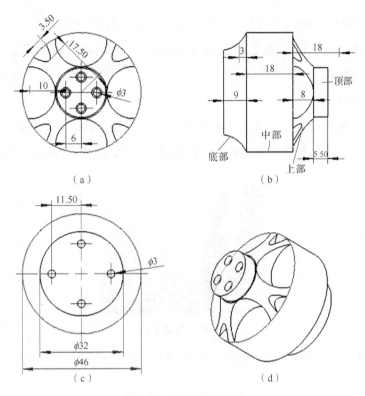

图3-46　电机及其三视图

操作步骤如下。

1. 绘制电机中部

新建零件，以前视基准面为例，作半径23mm、厚度18mm的圆柱体。

2. 绘制电机底部

（1）如图 3-46（b）所示，电机底部的下底面与电机中部下平面距离为 9mm，通过在参考几何体上添加基准面作电机底部，则该基准面距电机中部下平面 9mm。

（2）在步骤（1）所作基准面上作圆（半径为 16mm，圆心在电机中部圆柱体轴上），为获得更好的可视性，平面圆完成后可将该基准面隐藏。

（3）进入右视基准面，新建草图绘制样条曲线，并约束样条曲线的上端点与中间点的水平距离为 3mm，如图 3-47 所示，通过镜像将该样条曲线对称到另一面。

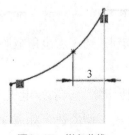

图3-47　样条曲线

（4）通过"特征"中的"放样凸台"选项完成电机底部的绘制。

注：先选择轮廓，即步骤（2）绘制的圆，引导线即两条样条曲线，引导线需要逐一添加。

3. 绘制电机上部

（1）如图 3-46（b）所示，电机中部的上平面与电机上部上平面距离为 8mm，通过参考几何体添加基准面作电机上部，则该基准面距电机中部上平面 8mm，如图 3-48 所示。

图3-48　添加基准面

（2）在步骤（1）添加的基准面上绘制半径 10mm 的圆，圆心在电机中部圆柱体轴上。

（3）以右视基准面为例，隐藏步骤（1）添加的基准面，作构造线，用直线连接相切于两个圆的端点，如图 3-49（a）所示，将该构造线镜像到另一侧，通过"特征"中的"放样凸台"选项完成电机上部平台绘制，如图 3-49（b）所示。

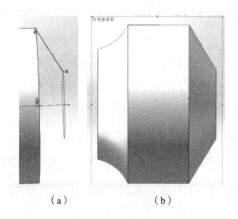

（a）　　　　　　（b）

图3-49　绘制电机上部平台

（4）以上视基准面为例，绘制矩形，选 3 点边角矩形，约束矩形宽度为 10mm，如图 3-50 所示。

（5）通过"特征"中的"旋转切除"选项作电机上部的斜凹槽，旋转切除的旋转轴为步骤（4）绘制的 3 点边角矩形最右侧的边，如图 3-51（a）所示，同理，分别在其他 3 个方向上完成其他 3 个矩形的绘制并完成旋转切除，最终效果如图 3-51（b）所示。

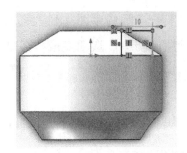

图3-50 绘制3点边角矩形

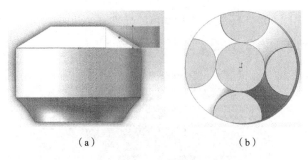

（a）　　　　　　　　　　（b）

图3-51 旋转切除

注：电机上部的其余3个斜凹槽也可通过圆周阵列得到，详细步骤不再赘述。

（6）绘制电机上部的小凹槽，以电机中部上表面为基准面，过圆心作45°辅助线，如图3-52所示，在45°辅助线上绘制样条曲线，并约束样条曲线圆周上两个点到辅助线距离为3.5mm，样条曲线与45°辅助线交点到电机中部上表面圆心的距离为17.5mm，如图3-52所示。

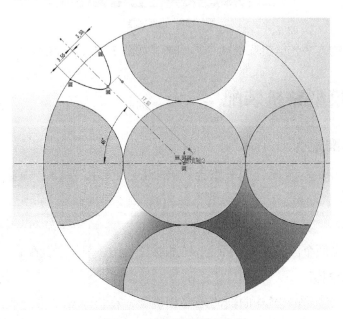

图3-52 绘制小凹槽样条曲线

（7）通过"线性草图阵列"→"圆周草图阵列"选项将样条曲线圆周阵列个数设置为4个。通过"特征"→"拉伸切除"选项完成样条曲线与圆周所围成的封闭区域切除。

4. 电机顶部绘制

（1）以电机上部的上表面为基准面作圆，半径为9.5mm，圆心与电机上部的上表面圆同圆心，拉伸该圆厚度为5.5mm。

（2）以电机顶部上圆面所在平面为基准面，作4个小圆柱凹槽，如图3-46（a）所示，圆柱凹槽半径为1.5mm，深度为10.5mm，另外在该凹槽同轴心的位置上再作半径为2mm，深度为2.5mm的凹槽，如图3-53所示。

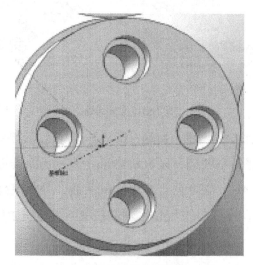

图3-53　顶部凹槽

（3）用同样的方法作电机底部4个小凹槽，如图3-46（d）所示。

3.3　三维模型整机装配

3.3.1　标准配合

SolidWorks中的标准配合中有重合、同轴心、相切、平行、垂直、距离及角度等几项。

1. 重合

重合配合定义两个面在同一平面上，在机械配合中一般用于面配合。

2. 同轴心及相切

同轴心配合定义两个圆柱曲面的轴心相重合，在机械配合中一般用于孔和轴的装配。相切配合可以定义两个圆柱面相切或圆柱面与平面相切。

3. 平行、垂直、距离及角度等

平行配合定义两个面相互平行，一般不在同一平面内。距离配合定义两个面平行且相距一定的距离，此距离值可以在弹出的对话框中进行设置。角度配合定义两个面呈所设置值对应的夹角。垂直配合属于角度配合的一种特殊情况。

3.3.2 高级配合

1. 对称

对称配合使两个相似的实体相对于零件的基准面或平面或装配体的基准面对称，在配合中可使用的实体特征有点、线、面（包括基准面）及相同半径的球和圆柱。

2. 宽度

宽度配合可使标签薄片位于凹槽宽度内的中心，凹槽宽度可以是两个平行或非平行的平面，标签薄片可以是两个平面，或一个圆柱面。

3. 路径

路径配合可以将零件上所选的点约束到路径上，在装配体中可以选择一个或多个实体特征来定义路径，并且可以定义零件在沿路径经过时的纵倾、偏转和摇摆等特性。

3.3.3 装配体设计

按配合技术要求完成的三维零件的装配模型称为装配体。

1. 装配体爆炸图

装配体爆炸图是工程实践中体现产品结构和配合关系的有效手段。

（1）完成装配体。

（2）单击"爆炸视图"选项（装配体工具栏），或选择"插入"→"爆炸视图"选项。

（3）拖动三重轴臂杆来"爆炸零件"。

（4）双击"ConfigurationManager"标签的"爆炸视图"特征。

（5）用鼠标右键单击"爆炸视图"特征，然后选择"爆炸"选项（或"解除爆炸"选项）。

（6）用鼠标右键单击"爆炸视图"特征，然后选择"动画爆炸"选项（或"动画解除爆炸"选项），以在装配体"爆炸"或"解除爆炸"时显示动画控制器弹出工具栏。

2. "新建"装配体

图3-54所示为SolidWorks新建装配体的界面。

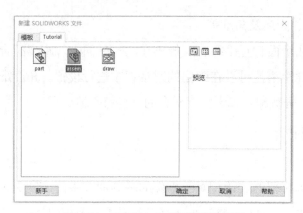

图3-54　SolidWorks新建装配体界面

（1）装入第一个装配体零件。

生成装配体时，应从不会随其他零件移动的零件开始。此零件将被固定放置或定位到装配体原点。

下面以脚架和海绵装配为例进行讲解。

将两个零件依次通过"插入零件"选项打开文档浏览找到绘制完成的零件，加载到装配体界面，可通过"移动零件"选项进行平移或旋转操作，选择"配合"→"配合选择"选项，选中海绵掏空的内圆柱体，再选中脚架横轴，两个零件自动配合，在"标准配合"栏中选中"同轴心"选项，此时海绵就装配到脚架上了，如图3-55所示。因脚架是先加载进来的，则脚架固定，后面加进来的零件配合调整，可用鼠标左键拖动海绵，在脚架轴上移动，实现脚架与海绵的装配。同理，可将另一个海绵加载进来。脚架与海绵的装配体如图3-56所示。

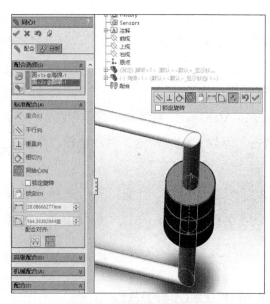

图3-55　将海绵装配到脚架上

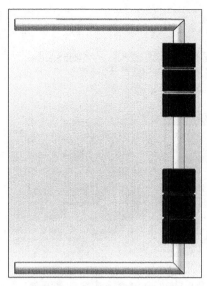

图3-56　脚架与海绵的装配体

（2）装入其他零件。

可通过在.sldprt 文件的FeatureManager 设计树中选择零件，然后将选中的零件拖入.sldasm 文件的图形区域，装入装配体的其他零件，如图3-57和图3-58所示。默认情况下，添加到装配体中的第一个零件的空间位置是固定的，这有利于零件配合。通常，第一个零件会选择希望固定的零件，也可以在以后更改要固定的零件。

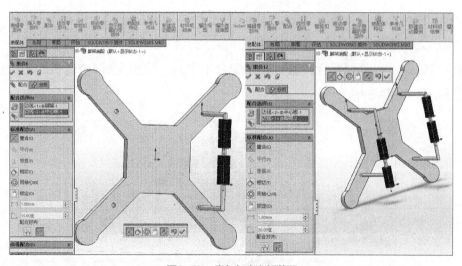

图3-57　脚架与中心板装配

（3）定位其他零件。

将其他零件置入装配体中时，可以先将它们随意放置在图形区域中，然后可以使用鼠标左键将零件拖到第一个固定零件附近，也可以使用鼠标右键将零件旋转到正确方向。应在零件之间留出一些空间，以便查看相关零件区域。可以使用以下方法更改零件的方向。

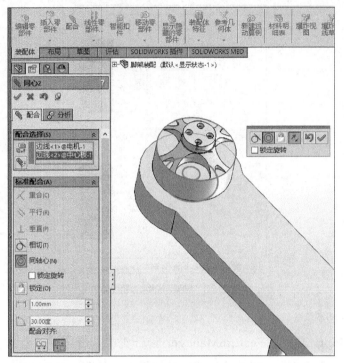

图3-58　电机装配

① 鼠标中键：旋转零件。

② 鼠标中键和Ctrl键：平移零件。

③ 鼠标中间的滚轮：缩放零件。

这些方法可辅助选择应用"配合"所需的边线、面或其他实体。

每个角的边、线都要配合一次，否则配合不牢固，依次完成4个电机的配合后得到的整机装配体如图3-59所示。

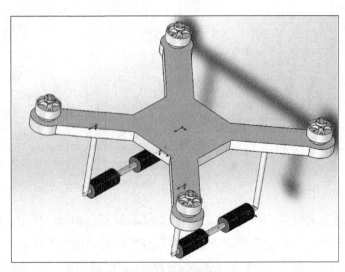

图3-59　整机装配体

思考与练习

1. SolidWorks具有哪三大特点?

2. SolidWorks默认的三个基准面的名称是什么?

3. SolidWorks是如何对草图进行约束的?

4. 完全定义草图有什么优点?

5. 三维建模练习:绘制图3-60所示的零件。

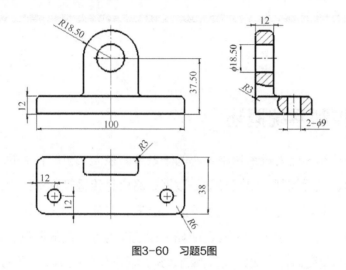

图3-60　习题5图

第4章
无人机飞行控制系统

4.1 飞行控制系统概述

飞行控制系统作为无人机系统中核心的子系统，在无人机的任务执行中，承担着诸如数据采集处理、飞行控制、自动导航、数据链路信息传输等任务。因此，飞行控制系统的性能好坏直接关系到无人机的飞行状态与品质，对任务的执行意义重大。小型无人机载荷能力有限，以及由于电力供应、能耗、续航能力等方面的限制，无法采用常规质量、体积较大的高精度器件构成的飞行控制系统，通常使用微小型飞行控制系统。

4.1.1 飞行控制系统的发展

随着微小型飞行器的军事和民事应用的不断发展，微小型飞行器的测量与控制技术成为微小型飞行器发展的一个重要的里程碑。

国内的高校中对此开展研究较早的有西北工业大学、北京航空航天大学、南京航空航天大学等。他们研制了多个型号的微型飞行器及自动驾驶仪，并且在民用领域有校企合作项目的开发，如北京航空航天大学的iFly系列自驾仪，如图4-1所示。

图4-1　iFly系列自驾仪

国内相似产品设计中，也都有高集成度的微机电系统（Micro Electro Mechanical System，MEMS）传感器，如国产商业自驾仪YS09和UP30，如图4-2所示。

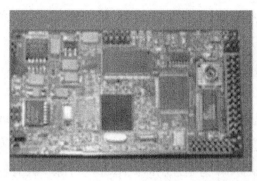

图4-2　国产商业自驾仪 YS09与UP30

国内外微小型测控系统的共同特点可简要概括为集成多种MEMS传感器，如陀螺仪、加速度计、磁传感器、压力传感器等，而且集成度逐渐增加，有效地减小了产品的体积、质量，降低了成本。

4.1.2　飞行控制系统的基本任务

飞行控制系统的基本任务是完成数据采集、姿态解算，以及复杂的控制任务等。该系统利用多种类型的传感器，监测、反馈无人机相关状态，并根据这些信息的融合，确定系统的控制量，对无人机进行控制。该系统通过可靠性高及带宽较好的无线通信链路进行机上信息的下载与地面指令的上传，实现数据的实时交互。

飞行控制系统通常具备不同的操纵模式。例如，手动控制模式下，操控手通过 RC 遥控方式对无人机进行操作。飞行控制系统的最终任务是将控制量送到执行机构——舵机，控制各个翼面的动作，实现无人机最佳姿态、飞行航迹的控制。因此，飞行控制系统有舵机输出模块，用它来保证舵面的正确行为。

此外，为了实现系统的任务扩展，飞行控制系统通常预留了较多的接口，实现对任务载荷的控制，诸如对其他模拟量进行采集、航拍时操作相机快门的开关，以及伞降模式下执行开伞动作等。

4.2　飞行控制系统的组成

4.2.1　主控模块

主控模块（主控芯片）是飞行控制系统的核心组成部分，是联系各个传感器及接口之间的桥梁，也是控制设备运行的大脑。

它的主要任务如下。

（1）以较高的频率对传感器数据进行采集。

（2）根据获取的信息解算无人机的位置、姿态、高度、速度等信息。

（3）接收地面控制站遥控指令，对指令进行解析，并结合当前机体信息解算出系统控制量，驱动舵机执行动作，保证无人机按照控制规律飞行。

（4）对机上设备进行管理，执行任务载荷的操作，并保存操作日志及机体信息。

（5）将遥测信息按照设计频率下传给地面控制站，供操作人员监控决策。

经典的飞行控制系统经常采用单个处理器的工作方式，即主控制器采用单个处理器的方式来承担整个飞行系统的飞行控制运算、传感器的数据读取和电机驱动控制等工作。常见的架构为ARM模块，即参与ARM芯片作为主控制器。ARM芯片除了具有较高的数据处理能力外，还具有数量和种类上非常丰富的外部接口，例如，著名飞行器厂商3DR推出的新一代独立、开源、高效的飞行器PixHawk，使用的即为ARM Cortex-M4架构的芯片，其主控芯片是由ST公司生产的STM32F427，如图4-3所示。

图4-3　主控芯片

4.2.2　传感器

传感器是控制系统的最前端，需要检测被控系统的相关参数，用作反馈量与目标值进行比较，按照控制规律对执行机构进行控制。微小型无人机飞行控制系统需要获得的参数主要包括机体的加速度、角速度，以及经纬度、高程、速度、空速等信息。按照获得信息的类型，需要的传感器种类主要为加速度计、陀螺仪、高度计、磁力计、空速传感器、位置传感器等。这些传感器构成无人机飞行控制系统导航的基础。

1. 姿态传感器

一般情况下，一个惯性测量装置（Inertial Measurement Unit，IMU）包括3个单轴的加速度计和3个单轴的陀螺仪。加速度计检测物体在载体坐标系统独立三轴的加速度信号，而陀螺仪检测载体相对于导航坐标系的角速度信号。测量得到物体在三维空间中的角速度和加速度后，通过积分运算可获得物体转动的角度信息，并以此解算出物体的姿态。姿态传感器在导航中有着很重要的应用价值。

（1）加速度计。加速度计用于估计加速度。在加速度计内部有一个检测质量块，如果传感器自身被加速，则它会反映出传感器在特定方向上的加速度。三轴加速度计带有两个检测质量块，一个用于测量 X、Y 轴方向的加速度，另一个用于测量 Z 轴方向的加速度。检测质量块的偏移量就是加速度的测量值，三轴加速度计会在每个轴上反馈一个矢量值。

（2）陀螺仪。早期的陀螺仪是全机械设备，相比之下，现代的陀螺仪跟早期的陀螺仪毫无共同之处。高端系统和军用的环状激光陀螺仪几乎没有漂移而且非常精确。对于低成本细分市场（消费类电子产品）来说，有 MEMS 陀螺仪和压电式陀螺仪，这些产品不是特别精确而且有漂移现象。陀螺仪的一个优点是，它不受振动的影响，或者说至少不像加速度计那样在多旋翼无人机工作状态下受影响。陀螺仪中的压电片作为脉冲发生器用来向压电式陀螺仪中的振子传递振动或者向 MEMS 陀螺仪中的检测质量传递运动。如果传感器发生旋转，科里奥利力会作用在振子（压电式陀螺仪）或检测质量（MEMS 陀螺仪）上，引起压电式陀螺仪的振子产生正交振动（相对于初始振动方向），或在 MEMS 陀螺仪的检测质量上产生一个可测量的力。

姿态传感器用于感受无人机的俯仰、滚转和航向角度，用于实现姿态稳定与航向控制功能。姿态传感器的选择要考虑其测量范围、精度、输出特性、动态特性等。

姿态传感器（见图4-4）应安装在无人机重心附近，震动要尽可能地小，有较高的安装精度要求，所以通常安装时都会采取减震措施。

（a）ADI公司ADIS 16365　　　　　　　　（b）MPU 6050

图4-4　姿态传感器

2. 高度、空速传感器

高度、空速传感器用于感受无人机的飞行高度和空速，是高度保持和空速保持的必备传感器。高度、空速传感器的选用主要考虑测量范围和测量精度。

气压高度计是利用气压与高度的关系，通过检测气压测量飞行器飞行气压高度（又称相对高度）的高度传感器。

空速传感器又称空速计，它是通过将飞行器飞行时感受到的气流冲击力量，即动压，与空气静止时的压力相比，从而转换出飞行器空速的传感器。

气压高度计和空速计如图4-5所示。

（a）气压高度计　　　　　　　　（b）空速计

图4-5　气压高度计和空速计

3. 位置传感器

位置传感器用于感知无人机的位置，是飞行轨迹控制的必要前提。惯性导航设备、GPS卫星导航接收机、磁航向传感器是典型的位置传感器。

由于 MEMS 传感器的精度有限，无法利用惯性导航系统（Inertial Navigation System，INS）进行航位推算以及据此进行控制操作，因此在进行导航控制，无人机按照设定航线飞行时，飞行控制系统需要 GPS模块 （见图4-6）提供速度、经纬度、高度等信息作为测量值。

图4-6　GPS模块

磁强计可以获得对地磁矢量在机体坐标系下的分量，在姿态解算中，其精度对航向角的解算非常重要。

（1）GPS 模块可以对飞行器进行位置估算，同时可以对海拔高度进行测算。大多数芯片会有一个 $1 \sim 10Hz$ 的采样频率和 1m 范围内的分辨率。如果有地面站的帮助，则分辨率能提高到厘米级别。对于许多自动和半自动飞行模式，GPS 模块是关键部件（如自动驾驶仪 ArduPilot 飞行控制系统中的悬停模式）。如果使用者想让无人机保持在一个固定位置或者按照航路点移动，那么GPS模块就会参与进来发挥作用。

（2）罗盘传感器用于测量磁力，是无人机航向信息的主要来源。GPS虽然可以提供航向信息，但是提供的信息不像罗盘这般可靠，特别是无人机静止或处于低速状态时，在没有准确的航向信息时，无人机在自动飞行模式下将无法获得正确的移动方向。这时无人机会原地打转甚至会失联。

某些种类的飞行器会集成罗盘传感器，但这样做会有对电磁干扰很敏感的弊端。配电板、电机、线圈、电子调速器等设备都会产生电磁干扰，所以无人机使用者经常会在无人机上外加一个罗盘传感器，特别是使用多旋翼无人机时。罗盘传感器经常会被捆绑在GPS模块上，然后将这个模块安装在远离其他设备并且面向天空有宽广视界的桅杆顶部。使用前对罗盘进行校准是一项重要的工作，尤其是第一次使用前和对机架做改动后，必须进行校准。同时建议对时间进行校准，特别是当飞行环境改变、接近磁场环境或较强的射频源环境、出现恶劣天气等情况时。不能正确地调试罗盘常常是无人机失踪的最大原因。

4.2.3 数据存储模块

在飞行控制系统中，数据存储模块发挥的作用越来越明显。记录飞行控制系统传感器数据并做事后分析已成为飞行控制系统研制必不可少的步骤。如Pixhawk中加入了SD卡模块，可用于存储飞行数据及地形数据，如图4-7所示。

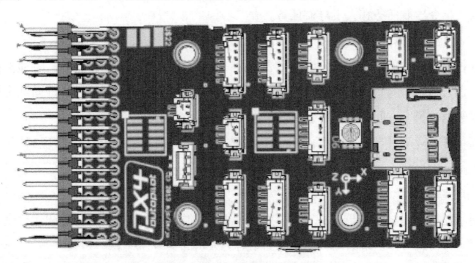

图4-7 带SD卡模块的Pixhawk

4.2.4 舵机信号输入与输出模块

在无人机的飞行过程中，某些飞行阶段需要操控手的人工操纵干预，如起飞阶段无人机飞行姿态与参数调整，准备切入航线时以及降落阶段人工操纵选择备降地点与开伞等动作的执行、飞行故障的人工介入，甚至全过程中视距范围内都需要人工操纵。

目前市场上的接收机主要的信号类型为 PWM、脉冲位置调制（Pulse Position Modulation，PPM）及 S.bus、数据扩频调制（Digital Spread Spectrum Modulation，DSM）、Futaba（见图4-8）等几种。PWM在无人机控制中主要用于舵机的控制，通过控制周期方波信号的占空比对舵机转动角度进行控制。

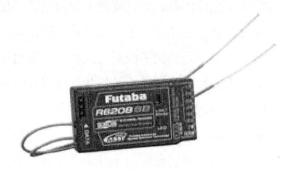

图4-8　Futaba接收机

4.3　飞行控制软件功能模块

飞行控制软件的软件功能层主要包括遥控遥测模块、导航模块和调度管理模块。遥控遥测模块的任务可以划分为遥控任务和遥测任务；导航模块的任务可以划分为自主导航任务、指令导航任务和人工导航任务。

1. 遥控遥测模块

遥控遥测模块的主要功能分为两个方面：一方面将无人机的传感器信息、遥控指令信息、制导数据、控制律参数等重要数据通过无线链路下传至地面站，为地面站指挥人员提供数据；另一方面从地面站发出遥控指令来控制、干预无人机。

遥控任务主要用于接收地面站发送的遥控指令，并根据遥控指令来实现3种飞行模式的切换、飞行指令的实施等，所以遥控任务是飞行控制软件的一个重要任务，必须保证其稳定完成。

遥测任务就是将传感器信息、遥控指令信息、制导数据、控制律参数和飞行模式等飞行状态和信息下传至地面站，用于地面站对无人机的实时监控。

2. 导航模块

导航模块的任务主要包括自主导航任务、指令导航任务和人工导航任务，其输入信号为无人机传感器采集到的信息或地面Futaba操控指令，输出为舵机控制信号。

（1）自主导航任务。

自主导航任务主要包括两部分，即航线管理和导航制导。航线管理主要是为无人机提供飞行的参考航线，使飞行控制软件根据提供的参考航线信息制订无人机飞行的制导策略。导航制导主要是为当前无人机提供位置偏差、高度偏差等导航信息，并通过控制律解算模块实现无人机的航迹跟踪、爬升及下滑等控制，保证无人机能按预定的航线进行自主飞行，实现对飞行航迹的有效控制。

无人机的任务航线由不同的航路点组成，每个航路点包含多项不同的属性，其中包括航点总数、航段编号、航点编号、航点经度、航点纬度、航点高度和特征字。整个航线以文本文件的形式将航路信息存储到飞行控制计算机的Flash中，一条航线用一个航线数据文件定义，航路信息需要在飞行控制软件进行初始化的时候读取到数据区中。

（2）指令导航任务。

指令导航任务是事件触发式任务，即任务平时处于"挂起"状态。当地面监控软件发出指令（导航命令）时，飞行控制软件开始接入指令导航模块，并根据来自地面的指令，接入不同的模态控制律，从而达到地面指挥人员操控无人机的目的。

在指令导航任务中，指令模态主要分为纵向指令模态和横侧向指令模态，其中纵向指令模态包括指令爬升、指令平飞和指令下滑，横侧向指令模态包括指令左转、指令右转和指令直飞。在指令飞行模式下，指令导航任务根据地面站的不同飞行指令进入相应的控制逻辑。在无人机进行横侧向指令模态切换时，指令左转和指令右转之间必须加入直飞过渡态，即无人机在横侧向处于直飞状态时才能响应左转或右转指令。在无人机进行纵向指令模态切换时，为了保证指令模态切换的平稳性，在指令爬升和指令下滑之间必须加入一个平飞过渡态，即无人机在纵向处于平飞状态时才能响应爬升或下滑指令。

（3）人工导航任务。

人工导航任务需要地面指挥人员给出飞行模式切换指令后才能激活，此时完全由地面遥控设备来操控无人机飞行。人工导航采用Futaba操纵杆直接控制无人机完成飞行任务。当飞行控制系统收到人工遥控指令后，飞行控制软件立即停止自主控制律模块，无人机的舵面会直接受到地面站操纵杆的控制。在人工导航模式下，地面站将捕获到的Futaba遥控器中的PPM高电平信号通过无线电台上传给无人机，无人机飞行控制软件按照Futaba遥控器帧格式，将PPM高电平信号转换成各路舵面的偏转角度，从而驱动舵机工作。

3. 调度管理模块

飞行控制系统实时接收遥控指令，并根据指令要求调用自主导航模块、指令导航模块和人工导航模块后，飞行控制软件开始运作。在整个飞行控制系统运行的过程中，调度管理模块主要对各个任务进行调度，合理分配用户资源，扮演"决策者"的角色。

在飞行控制软件运行的某些阶段，调度管理模块主要通过事件触发来调度某些任务，如指令导航任务，以地面站发出的指令为触发条件。当接收到指令后，立刻对指令导航模块进行调用，否则指令导航任务处于"悬挂"状态中。

调度管理模块还担任对无人机飞行模态进行切换的"决策管理"角色。当小型无人机由自主导航或指令导航切换至人工导航模式时，飞行控制软件接收到人工遥控指令信号后，管理调度模块应立刻停止控制律模块，从而使舵面直接受到地面站操纵杆的控制。当由人工导航或自主导航停止至指令导航模式时，飞行控制软件根据接收到的指令进入相应的飞行模态，由调度管理模块负责接入相应的控制律解算模块进行解算。当无人机由指令导航或人工导航切换至自主导航模式时，首先需要将无人机稳定在平飞状态，再发送"自主导航"指令。

4.4 姿态

在地球上，姿态就是指飞行器在地球坐标系中的俯仰、横滚、航向情况。飞行器需要实时知道自己的当前姿态，才能够根据需要操控其接下来的动作，如保持平稳或实现翻滚。姿态用来描述一个刚体的固连坐标系和参考坐标系之间的角位置关系，其有一些数学表示方法，如四元数、欧拉角、矩阵、轴角等。

地球坐标系又称地理坐标系（见图4-9），它是固定不变的。正北、正东、正向上构成了这个坐标系的 X 轴、Y 轴、Z 轴，我们用坐标系 R 表示。四轴飞行器上固定着一个坐标系，一般称为机体坐标系，用坐标系 r 表示。可以用四元数、欧拉角等来描述 r 和 R 的角位置关系。这就是四轴飞行器姿态解算的数学模型和基础。

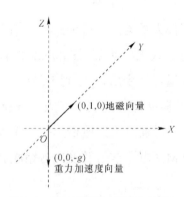

图4-9　地球坐标系（地理坐标系）

1. **姿态表示方式**

姿态有多种数学表示方式，常见的是四元数、欧拉角、矩阵和轴角。它们各自有其自身的优点，在不同的领域使用不同的表示方式。在四轴飞行器中使用四元数和欧拉角。

2. 四元数

四元数是由爱尔兰数学家在1843年提出的数学概念。从明确的角度而言，四元数是复数的不可交换延伸。如把四元数的集合考虑成多维实数空间，四元数就代表着一个四维空间，复数为二维空间。

四元数大量用于计算机绘图（及相关的图像分析）中表示三维物件的旋转及方位。四元数亦见于控制论、信号处理、姿态控制、物理和轨道力学，都被用来表示旋转和方位。相对于另几种旋转表示法（欧拉角、矩阵、轴角），四元数具有某些方面的优势，如速度更快、提供平滑插值，可有效避免万向锁、存储空间较小等问题。

3. 欧拉角

把刚体的旋转分解为三个轴上的旋转，这个旋转的角度就是欧拉角。欧拉用欧拉角来描述刚体在三维欧几里得空间中的取向。对于三维空间中的一个参考系，任何坐标系的取向都可以用三个欧拉角来表示。参考系又称为实验室参考系，是静止不动的。而坐标系则固定于刚体，随着刚体的旋转而旋转。如图4-10所示，设定x、y、z轴为参考系的参考轴。称xy平面与XY平面的相交线为交点线，用英文字母N代表。zxz顺规的欧拉角可以静态地这样定义：α是x轴与交点线的夹角，即滚转角，用Roll表示；β是z轴与Z轴的夹角，即航向角，用Yaw表示；γ是交点线与X轴的夹角，即俯仰角，用Pitch表示。

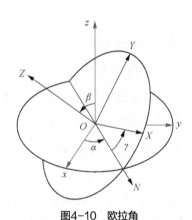

图4-10 欧拉角

欧拉角是基于飞行器本身轴旋转得到的，但得到的姿态角却是基于参考坐标系的，所以两者不可混淆。现在所说的飞行器都是在近地表附近飞行的，所以习惯拿地球作为参考系，飞行器总是在该参考系中的一点起飞，在另一点降落。规定地理方位东、北、上为参考初始点，即飞行器头朝北水平放置时机体坐标系和参考系是重合的。

4. 姿态解算

姿态解算需要解决的是无人机飞行器在地球坐标系中的姿态。

"姿态解算"的英文是Attitude Algorithm，又称姿态分析、姿态估计、姿态融合。姿态解算是指根据IMU（陀螺仪、加速度计、罗盘等）数据求解飞行器的空中姿态，所以也叫IMU数据融合（IMU Data Fusing）。

5. 角位置关系测量

如上所述，地球坐标系 R 是固定的。四轴飞行器上固定一个坐标系 r，这个坐标系 r 在坐标系 R 中运动。那么如何知道坐标系 r 和坐标系 R 的角位置关系呢？也就是怎么知道飞行器相对于地球这个固定坐标系 R 是转动了一下航向，或是侧翻了一下机身，又或是掉头下俯了呢？这就是传感器需要测量的数据。传感器包括陀螺仪、加速度计、磁力计，通过获得这些测量数据，可得到坐标系 r 和坐标系 R 的角位置关系。

6. IMU

IMU提供飞行器在空间中姿态的传感器原始数据，一般由三轴陀螺仪传感器、三轴加速度计传感器、三轴磁力计、气压计来提供飞行器的9自由度数据。

飞行器根据陀螺仪的三轴角速度对时间积分得到的俯仰/横滚/航向角，这是快速解算。快速解算得到的姿态是存在误差的，而且误差会累加，如果再结合三轴地磁和三轴加速度数据进行校正，得到准确的姿态，这就是深度解算。当然，快速解算得到的姿态一般是不能够用于控制飞行器的，因为误差太大。通常所说的姿态解算就是深度解算。

7. 四元数和欧拉角在姿态解算中如何使用

姿态解算的核心在于旋转，一般旋转有4种表示方式，即矩阵表示、欧拉角表示、轴角表示和四元数表示。矩阵表示适合变换向量，欧拉角表示最直观，轴角表示适合几何推导，而在组合旋转方面，用四元数表示最佳。因为姿态解算需要频繁组合旋转和用旋转变换向量，所以采用四元数保存飞行器的姿态。

8. 关于X-plane模拟

APM飞控使用X-plane进行模拟飞行的原理，其实是利用X-plane的网络对战功能，因为只有网络对战的时候，X-plane才会向外界输出飞行器当前经纬度、飞行器姿态、空速等数据信息。APM飞控进行X-plane模拟时需要设置网络端口和进行输出数据设定也证实了这点。X-plane可以模拟飞行器型号、飞行参数、飞行环境等对飞行器飞行的影响。飞行器型号可以选择从战斗机、民航机到航模等各种不同飞行器，可以模拟飞行器燃油、重心、质量的变化。最重要的是，它可以模拟外界环境对飞行的影响，可以设定高空、中空、低空的风速和风向，可以设定海平面气压和温度。此外X-plane还可记录飞行时的数据，以供之后从各个角度观察飞行情况，察看飞行数据。

X-plane模拟其实就是让APM飞控通过网络端口接收飞行数据，根据飞行数据解算出需要的控制操作，再输入X-plane控制飞行器。由于X-plane提供了非常接近真实飞行器的模拟，因此X-plane模拟飞行时可省时省力地调试飞行控制系统。

4.5 无人机姿态控制

4.5.1 PID控制原理和特点

工程实际中，应用最为广泛的调节器控制规律为比例（Proportional，P）、积分（Integral，I）、微分（Derivative，D）控制，简称 PID 控制，又称 PID 调节。PID 控制技术结构简单、稳定性好、工作可靠、调整方便而成为工业控制的主要技术之一。当被控对象的结构和参数未能完全掌握，或得不到精确数学模型，或控制理论等其他技术难以采用时，系统控制器的结构和参数必须依靠经验和现场调试来确定，这时应用 PID 控制技术最为方便。即当我们不完全了解一个系统和被控对象，或不能用有效测量手段来获取系统参数时，最适合用 PID 控制技术。实际应用中也有 PI 和 PD 控制。

自动控制系统的性能指标如下。

1. 稳定性（P 和 I 降低系统稳定性，D 提高系统稳定性）

当一个实际的系统处于平衡状态时，如果受到外来作用的影响，系统经过一个过渡过程仍然能够回到原来的平衡状态，这个系统就是稳定的，否则称系统不稳定。一个控制系统要想实现所要求的控制功能就必须是稳定的。在实际的应用系统中，由于系统中存在储能元件，并且每个元件都存在惯性，当给定系统的输入时，输出量一般会在期望的输出量范围内摆动，此时系统会从外界吸收能量，对于稳定的系统振荡是减幅的，而对于不稳定的系统振荡是增幅的，前者会平衡于一个状态，后者却会不断增大直到系统被损坏。

2. 准确性（P 和 I 提高稳态精度，D 无作用）

准确性是对稳定系统稳态性能的要求。稳态性能用稳态误差来表示，所谓稳态误差是指系统达到稳态时被控量的实际值与希望值之间的误差，误差越小，表示系统控制精度越高、越准确。

3. 动态特性

在自动化控制领域中，把被控变量随时间变化而变化的不平衡状态称为系统的动态。动态性能指标一般包括跟随性能指标、抗扰性能指标。系统的动态过程提供系统稳定性、响应速度及阻尼情况，由动态性能指标描述。通常在阶跃函数作用下，测定或计算系统的动态性能。

4. 稳态特性

稳态特性是描述系统稳态性能的一种性能指标，通常在阶跃函数、斜坡函数或加速度函数作用下进行测定或计算。若时间区域无穷时，系统的输出量不等于输入量或者输入量的确定函数，则系统存在稳态误差。稳态误差是系统控制精度或抗扰动能力的一种度量，即在参考信号输出下，经过无穷时间，系统输出与参考信号的误差。其影响因素包括系统结构、参数和输入量的形式等。

4.5.2　PID 控制方法

在了解 PID 控制及其公式之前，我们先了解一下几个常用符号的含义。

$u(t)$——控制器的输出值。

$e(t)$——控制器输入值与设定值之间的误差。

K_p——比例放大系数。

K_i——积分系数。

K_d——微分系数。

dt——调节周期。

SP——需要调节的目标值。

PID 控制一般有位置式 PID 控制和增量式 PID 控制两种。在汽车里一般使用增量式 PID 控制。在无人机上一般使用位置式 PID 控制。这是因为位置式 PID 控制的输出与过去的所有状态有关，计算时要对 $e(t)$（每一次的控制误差）进行累加，这个计算量非常大，对于汽车来说没有必要，但是对于无人机来说需要关注过去的姿态来纠正现在的姿态。而且汽车的 PID 控制器的输出并不是绝对数值，而是一个 Δ，代表增多少或减多少。换句话说，通过增量式 PID 算法，每次的输出是 PWM 信号要增加多少或者减小多少，而不是 PWM 信号的实际值；通过位置式 PID 算法，每次输出的是 PWM 信号 的实际输出量。

（1）比例（P）控制。

比例控制是最常用的控制手段之一，例如控制一个加热器恒温100℃，当开始加热时，温度与目标温度相差比较远，这时通常会加大加热力度，使温度快速上升，当温度超过100℃时，则关闭输出（加热），通常会使用如下公式。

$$e(t) = SP - y(t) \tag{4-1}$$

$$u(t) = e(t) \times K_p \tag{4-2}$$

式（4-1）中，$y(t)$ 为反馈值（当前值）。

滞后性不是很大的控制对象使用比例控制就可以满足控制要求，但很多被控对象有滞后性，也称为"惯量"较大的系统，如果设定温度是200℃，当采用比例控制时，如果选择的K_p比较大，则会出现当温度达到200℃，输出为0后，温度仍然会止不住地向上爬升，如上升至230℃，当温度超过200℃太多后又开始回落，尽管这时输出开始出力加热，但温度仍然会向下跌落一定的数值后才会止跌回升，如下降至170℃，最后整个系统会稳定在一定的范围内进行振荡。

总结来说，具有P控制的系统，其稳态误差可通过P控制器的增益K_p来调整：K_p越大，稳态误差越小；反之，稳态误差越大。但是K_p增大，系统的稳定性也会降低。由式（4-2）可见，控制器的输出$u(t)$与输入误差$e(t)$成比例关系，偏差减小的速度取决于比例系数K_p：K_p越大，偏差减小得越快，但是很容易引起振荡（尤其是在前向通道中存在较大的时滞环节时）；K_p越小，发生振荡的可能性越小，但是调节速度越慢。单纯的P控制无法消除稳态误差，所以要引入I控制。如果这个振荡的幅度是允许的，例如家用电器的控制，则可以选用比例控制，但是如果针对无人机这样无法允许任何一次超调节的系统（因为一次超调节意味着飞机会产生侧翻，那么可能会引起毁灭性的坠机，无法再做恢复），就无法使用单纯的P控制，需要加上积分控制和微分控制，使得系统更加稳定。

（2）比例、微分（PD）控制。

微分（D）控制反映输入信号的变化趋势，具有某种预见性，可为系统引入一个有效的早期修正信号，以增加系统的阻尼程度，从而提高系统的稳定性。常见的公式为

$$u(t)=K_p e(t)+K_d \frac{[e(t)-e(t-1)]}{dt}+u_0 \tag{4-3}$$

式中，u_0为控制量基准值。

在微分控制中，控制器的输出与输入误差的微分（即误差的变化率）成正比关系。自动控制系统在克服误差的调节过程中可能会出现振荡甚至失稳。原因是存在较大惯性组件（环节）或有滞后组件，具有抑制误差的作用，其变化总是落后于误差的变化。解决的办法是使抑制误差的作用"超前"，即在误差接近零时，抑制误差的作用就应该是零。这就是说，在控制器中仅引入比例项往往是不够的，比例项的作用仅是放大误差的幅值，而目前需要增加的是微分项，它能预测误差变化的趋势，这样，具有比例项加微分项的控制器，就能够提前使抑制误差的作用等于零，甚至为负值，从而避免被控量的严重超调。所以对有较大惯性或滞后的被控对象，PD控制器能改善系统在调节过程中的动态特性。

PD参数一般整定方法如下。

① 首先将微分时间dt设置为0，调节P参数至系统产生等幅小振荡。

② 判断响应的增减，微分的作用是抑制比例作用，所以微分试凑的方向应该与比例调节方向相反。

③ 不断加大比例参数，使系统的振荡逐步减小，并稳定在设定值附近的一个值即可。

PD 控制起不了消除静差的作用，只能将系统迅速稳定下来，并且具有较强的抗干扰能力，所以如果需要一个无静差系统，需要加入积分环节。

（3）比例、积分（PI）控制。

加入积分控制是针对比例控制存在稳态误差和等幅振荡这种特点提出的改进，积分控制常与比例控制一起进行，也就是 PI 控制。在保证系统稳定的前提下，引入 PI 控制可以提高稳态控制质量，消除稳态误差。其公式有很多种，但大多差别不大，标准公式为

$$u(t) = K_p e(t) + K_i \int_0^t e(t) \, dt + u_0 \qquad (4\text{-}4)$$

可以看到积分项是历史误差的累积值，如果光用比例控制，不是达不到设定值就是产生振荡，在加入了积分项后就可以解决达不到设定值的静态误差问题。例如一个控制系统中使用PI 控制后，原本系统存在静态误差，输出始终达不到设定值，这时积分项将误差随时间做累加，随着时间过去这个值会越来越大，积分系统乘上这个累计值后，积分项在输出中所占比重越来越多，使输出 $u(t)$ 越来越大，最终达到消除静态误差的目的。当达到设定值后，误差 $e(t)$ 变为负值，积分项会开始递减，让输出值最终稳定在设定值附近。另外，需要注意的是设置积分上限来防止积分无限增大的情况。

PI 参数一般整定方法如下。

① 先将 I 参数设为 0，将 P 参数设为比较大，当出现稳定振荡时，再减小 P 参数直到 P 参数不振荡或者振荡很小为止（术语为临界振荡状态），在有些情况下，还可以在这个P参数的基础上再加大一点。

② 加大 I 参数，直到输出达到设定值为止。

③ 再复位系统，看看系统的超调是否过大，达到目标值速度是否太慢。

通过上述调试过程，可以看到 P 参数主要用来调整系统的响应速度，但太大会增大超调量和稳定时间；而 I 参数主要用来减小静态误差。I 控制可以消除静态误差，但有滞后现象，P 控制没有滞后现象，但存在静态误差。PI 控制综合了 P、I 两种控制的优点，利用 P 控制快速抵消干扰的影响，同时利用 I 控制消除残差。

（4）比例、积分、微分（PID）控制。

PI 控制中 I 控制的存在会使整个控制系统的响应速度受到影响，为了解决这个问题，

我们在控制中增加了微分项，微分项主要用来解决系统的响应速度问题，其完整的公式为

$$u(t)=K_\mathrm{p}e(t)+K_\mathrm{i}\int e(t)\mathrm{d}t+K_\mathrm{d}\frac{[e(t)-e(t-1)]}{\mathrm{d}t}+u_0 \qquad (4\text{-}5)$$

观察 PID 的公式可以发现：K_p 乘以误差 $e(t)$，用于消除当前误差；K_i 乘以误差 $e(t)$ 的积分，用于消除历史误差积累，可以实现无差调节；K_d 乘以误差 $e(t)$ 的微分，用于消除误差变化，也就是保证误差恒定不变。由此可见，P 控制是一个调节系统的核心，用于消除系统的当前误差；I控制是为了消除 P 控制余留的静态误差而辅助存在；D控制所占的权重最少，只是为了增强系统稳定性，增加系统阻尼程度，修改 PI 曲线使得超调更少而辅助存在。

PID 参数一般整定方法如下。

① 关闭 I 和 D，也就是将其参数设为 0，加大 P参数，使其产生振荡。

② 减小 P参数，找到临界振荡点。

③ 加大 I参数，使其达到目标值。

④ 重新为飞机上电，看超调、振荡和稳定时间是否符合要求。

⑤ 针对超调和振荡的情况适当地增加一些微分项。

注：所有调试均应在最大载荷的情况下调试，这样才能保证调试完的结果可以在全工作范围内均有效。

（5）工程实际中的 PID 概念。

了解了以上 PID 的基本概念以后，我们需要再了解几个工程实际中使用的 PID 概念。

单回路：只有一个 PID 的调节系统。

串级：一个 PID 不够用怎么办？把两个 PID 串接起来，形成一个串级调节系统，又称双回路调节系统。

主调：串级系统中，要调节被调量的那个 PID 是主调。

正作用：假设一个水池有一个进水口和一个出水口，进水量固定不变，依靠调节出水口的水量调节水池水位。那么水位如果高了，就需要增大出水量。对于 PID 调节器来说，输出随着被调量增高而增高、降低而降低的作用称为正作用。

负作用：还是这个水池，我们把出水量固定不变，而依靠调节进水量来调节水池水位。如果水池水位高了，就需要调小进水量。对于 PID 调节器来说，输出随着被调量的增高而降低的作用称为负作用。

动态偏差：在调节过程中，被调量与设定值之间的偏差随时改变，任意时刻两者之间的偏差称为动态偏差，简称动差。

静态偏差：调节趋于稳定之后，被调量与设定值之间还存在的偏差称为静态偏差，简称静差。

回调：调节器调节作用显现，使得被调量开始由上升变为下降，或者由下降变为上升。

阶跃：被观察的曲线呈垂直上升或者下降状态，这种情况在异常情况下是存在的，例如人为修改数值，或者短路开路。

4.5.3　4旋翼无人机中的PID

1. 飞行稳定控制原理

多旋翼飞行器实现各种功能（轨迹跟踪、多机编队等）的核心是快速、稳定的姿态控制和精确的位置控制。常用的多旋翼飞行控制系统主要包含两个控制回路：一个是姿态控制回路，另一个是位置控制回路。因为姿态运动模态的频带宽、运动速率快，所以姿态控制回路作为内回路进行设计；而位置运动模态的频带窄、运动速率慢，所以位置控制回路作为外回路进行设计。位置控制回路可以使飞行器能够悬停在指定位置或者按照设定好的轨迹飞行。姿态控制回路的作用是使多轴飞行器保持稳定的飞行姿态。若两个控制回路同时产生控制信号则各个旋翼的转速分别作相应的调整，使得多轴飞行器能够按照指令稳定飞行。

由于内回路姿态与外回路位置具有直接的耦合关系（滚转/俯仰姿态运动引起水平方向的左右/前后运动），因此所有控制的核心便集中在内回路。考虑到内回路姿态控制算法的可实现性，合理的方法和控制策略是决定控制性能的重点。

内回路姿态控制的策略一般有两种：一种是直接对姿态角进行控制；另一种是将姿态角误差转化为期望的修正角速度，对实际角速度进行控制以达到跟踪期望角速度、消除姿态角误差的目的。由于针对角速度可构成更快的回路，因此第二种策略具有更快的响应速度。

2. 多旋翼无人机控制模式

（1）飞行控制系统内外回路（姿态、位置）均不参与控制：军用称为舵面控制，民用称为手动模式。

（2）飞行控制系统内回路稳定姿态，人来影响姿态以改变位置：军用称为姿态遥控，民用称为增稳或姿态模式。

（3）飞行控制系统内回路稳定姿态，外回路稳定位置，人来影响修正位置：军用称为人工修正，民用称为GPS模式。

（4）飞行控制系统内回路稳定姿态，外回路根据航点设置控制位置：军用称为自主，民用称为航线飞行。

在工程实际中,使用PID的时候需要先对受控对象加以分析,观察受控对象是大惯量系统还是小惯量系统,干扰源是什么类型,可输出最大调解率、PID级数等,以便选择最合适的 PID参数控制无人机的平稳飞行。可以通过各个指标一一对无人机系统进行分析。

3. 响应频率

可以通过一个简单的例子先来了解一下响应频率。如果一个LED灯以1Hz的频率闪烁,我们可以观察到它在闪烁,如果一个LED灯以5Hz的频率在闪烁,我们依然可以观察到它在闪烁,但是如果一个LED灯以100Hz的频率闪烁,我们就无法观察到其在闪烁,这是因为人眼的视觉残留无法观察到那么快频率的闪烁。换句话说,就是因为人眼对光线变化频率的响应是有一定界限的,大概在10Hz,这是人眼的极限响应频率,高于这个频率的闪烁,人眼将其视为没有闪烁,这个数值称为人眼的响应频率。

那么,针对一个被控对象,如果知道其响应频率,也就知道了它属于大惯量还是小惯量系统,感性地认识这一点,对于操控系统非常重要。下面举两个例子,分别为大惯量电热丝对水加热系统和小惯量倒立摆模型。

(1)工程中使用电热丝对水进行加热,设水温初始温度为23℃,以100%的输出功率施加在电热丝上,然后观察水温的上升,会发现水温变化非常慢,但是当达到我们的目标温度60℃的时候,关闭电热丝输出,会发现水温还会上升,需要等很长一段时间才可以回温。如果被控量(温度)无法随着输出(电热丝加热)的开关马上起到变化作用,那么该系统的响应频率就非常低,或许在 0.1 ~ 0.01Hz,甚至更低。

(2)在自动控制中有一种模型称为倒立摆模型(见图 4-11),现在应用最多的是两轮自平衡小车。这个模型是由一个可平行移动的载体小车 M 与一个细长的刚体 m 组成的,两者之间使用单向活动的铰链连接。在自然状态下,刚体 m 会自由倒下,但经过载体小车 M 的平行运动,加上自动控制算法,可使刚体 m 保持垂直于地面,不会倒下,并且可以抗击一定的外力干扰,形成一种类似"不倒翁"的效果。

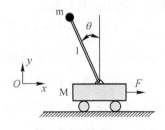

图4-11　倒立摆模型

观察这种模型会发现，载体小车M的轻微运动就可以引起受控对象刚体m的剧烈振荡，因此这样的系统就与上一个例子不太一样，在外界施加输出产生变化时（我们多以"阶跃"信号作为测试信号），系统跟随变化的响应频率明显变得很高。

其实生活中有很多类似的控制与受控的例子，例如保持身体的平衡，控制自行车的平衡，控制开车的速度等，其中有大惯量系统，也有小惯量系统。在生活中细细品味这些会对控制实践经验积累起到非常大的积极作用。

无人机的平衡控制可拆解为两个对轴平衡控制，因为它们都是由双或四电机控制载体平衡的一种模型，只是一个受地面负载影响，另一个受空气动力负载影响。

无人机的控制有以下突出特点。

- 超调过大会直接导致坠机，无法恢复。
- 由于在空中的运动综合阻尼小，输出波动对载体的姿态影响很大。
- 多组电机共同决定姿态，多电机差值是单电机输出的几倍或更多。
- 干扰源由风阻、自身风涡流等复杂情况决定。

综上可以断定，无人机的惯量较小，容错率也很小，干扰源复杂，所以在设计无人机控制系统的时候，一定要从这几方面去综合考虑。

4. PID算法结构

常用的PID算法结构有单环PID和串级PID两种。单环PID是单纯地对一组反馈和输入进行PID计算并输出给执行机构。一般单环PID控制的是被控对象的一个物理特征，例如无人机的姿态角。单环PID的控制品质较低，如果需要进一步地增加系统的抗干扰能力和阻尼，那就需要引入串级PID。在本书无人机应用中，姿态角的控制便应用了串级PID，角度/角速度的PID控制算法增加了无人机的稳定性和它的控制品质。在无人机的控制中还有一种PID算法结构，即多级PID。多级PID指的是多组单环PID和串级PID的输出进行叠加最终在一个执行机构上进行输出。举一个无人机上的例子，高度环的PID、位置环的PID和姿态环的PID，它们的执行机构都是4个电机，那么3组PID的输出就要进行叠加，这就是所谓的多级PID。PID是无人机的一种控制方法，无人机的基础运动控制主要分为三类，即平衡控制、航向控制和定高控制。

（1）平衡控制。

在这里，将无人机平衡控制分解为两个轴的平衡控制，即Roll轴控制与Pitch轴控制，也就是欧拉角中横滚角的控制与俯仰角的控制，其主要的控制方法为角速度/角度的内外环串级 PID 控制方法。无人机的欧拉角已经在前面的章节中详细讲解，这里不赘述。Bird-Drone无人机中的Pitch角与Roll角如图4-12所示。

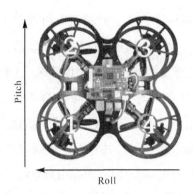

图4-12　Bird-Drone无人机中的Pitch角和Roll角

　　不难看出，不论是Pitch轴控制还是Roll轴控制，两个对轴的控制都需要4个电机，这就是"×"字模式4旋翼的特点。在实际生产现场的无人机平衡控制中，由于受到参数整定方法困扰，常规PID控制器参数往往整定不良、效果欠佳，对运行工况的适应能力很差，单环PID的物理模型鲁棒性较差，抗干扰能力很弱，所以在对轴平衡上引入了串级PID，以及角度/角速度的内外环控制（见图4-13）。这里简单分析一下角度/角速度内外环控制的物理意义。内环角速度环的作用是让4旋翼无人机在任意位置保持角速度为零，其状态就是在任意位置保持静止状态。外环角速度环的作用是在保证角速度稳定的情况下，使4旋翼无人机在设定的角度保持稳定。内外环起到抗干扰和稳定的作用。

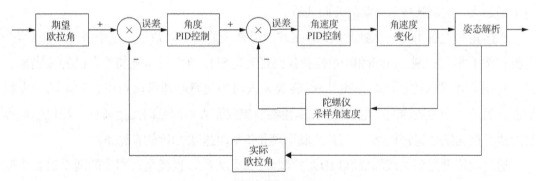

图4-13　角度/角速度的内外环控制

　　在学习过程中，可以对比单环与内外环控制的效果，以此来总结串级PID的控制优点，更加深刻地了解内外环控制。

　　如果是串级调节系统，在整定参数时，一般把主、副调节隔离开来，先整定一个回路，再全面考虑。一般而言，先整定内回路，后整定外回路。在PID整定中需要把PID参数隔离开来，先去掉积分、微分作用，让系统变为纯比例控制方式，再考虑微分，最后考虑积分。使用Bird-Drone无人机教学平台的对轴平衡云台就可进行这两个轴的反复PID调试，主要步骤如下。

① 将无人机旋转为Pitch轴所在方向，并将无人机固定在对轴云台上。

② 调节无人机在Pitch轴上的内环角速度环的PID参数，使得无人机在调试云台上能达到随意打舵的效果，即在任意位置能保持角速度为0，且响应速度较快。

③ 调节无人机在Pitch轴上的外环角速度环的PID参数，使得无人机在调试云台上能进行±10°内的任意角度控制，且响应速度较快，抗干扰能力强，恢复时间短。

④ 将无人机旋转为Roll轴所在方向，并将无人机固定在对轴云台上。

⑤ 调节无人机在Roll轴上的内环角速度环的PID参数，使得无人机在调试云台上能达到随意打舵的效果，即在任意位置能保持角速度为0，且响应速度较快。

⑥ 调节无人机在Roll轴上的外环角速度环的PID参数，使得无人机在调试云台上能进行±10°内的角度控制，且响应速度较快，抗干扰能力强，恢复时间短。

经过以上6个步骤的操作后，无人机就达到4轴平衡的效果了。本节主要讲解PID在无人机上的应用，所以不做其他方面的过多讲述。因此，可以看出，无人机平衡运动控制分为Pitch和Roll上两组不同的PID控制，但是它们的输出执行机构都是4个电机，所以两组PID将进行一个多级的串联，叠加在同一个执行机构上进行输出。

（2）航向控制。

在了解了如何使无人机达到平衡之后，需要考虑的是无人机的航向问题，也就是欧拉角中除了Pitch和Roll角以外，还有一个Yaw角，即航向角。控制航向角的目的是让飞行器平稳起飞，控制其按照特定的方向飞行。

航向角的控制由另一组独立的PID完成。但是，关键的问题是，这个时候已经对4个电机都做了相关控制，Pitch和Roll控制都已经对电机1、2、3、4施加了自己的输出量，又该控制谁才可以控制航向角呢？从4旋翼无人机的飞行原理可以看出，对边两个电机加速，另外一个对边的两个电机减速，就能使4旋翼无人机的航向发生转动，所以航向控制的执行机构还是这4个电机，而其控制原理是Z轴角速度/角度的自稳系统。

这里就需要用到多级的级联PID去控制4旋翼无人机，也就是在刚才的两个对轴平衡的串级PID的基础之上，串联一个PID回路，形成一个完整的可以控制欧拉角中3组数据的控制系统。这里给出完整的控制欧拉角的PID结构，如图4-14所示。

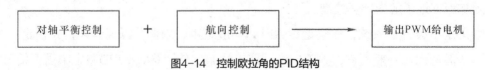

图4-14　控制欧拉角的PID结构

（3）定高控制。

除了以上的控制需求外，如果需要让4旋翼无人机做到稳定飞行，尤其是遥控的无人机，就需要做到自动定高飞行。市面上的很多无人机都没有这一功能，只有几款大牌无人机才有此功能。是否有该功能，意味着无人机是否依赖人工观察飞行器的高度去控制上、下油门，即是否需要"人肉"PID去控制无人机在一定高度范围内飞行。有了该功能，无人机就可以保持一种稳定高度的飞行，人们控制油门，实际只是控制一个目标高度，无人机会通过自动控制算法自动稳定在这样的高度。

那么，定高飞行的PID如航向控制一样，又是一种串级PID结构加入整个PID控制系统，也就是在航向控制之后，还需要串级一路定高飞行的PID，如图4-15所示。

图4-15　定高飞行的PID结构

这里需要注意的是，在整个系统叠加新的串级PID后，需要对个别PID参数进行微调。通常情况下，高度控制的PID实质就是同时加大或者减小4个电机的转速，并且依然保持对轴上的平衡，以此达到上升或下降的效果。

5. 利用PID控制无人机运动

以上所描述的都是如何让无人机处于一个平衡稳定的状态，相当于让PID当中的设定（Set Point，SP）值保持一个定值。例如，Pitch 角的目标值设为 0°，就是让4个电机采用 PID 调整算法进行转速调节，使 Pitch 角保持在0° 附近。但是这样的平衡是无法让无人机在空中产生位移的（这里不考虑外界因素导致无人机发生位置偏移），所以无人机设计者就需要知道无人机前进、后退等运动是如何产生的。

在空气动力学中，对4轴无人机的飞行运动有很多种定义及描述，这里从运动控制的角度去理解，一般使用"目标值偏移"来驱动无人机向一个方向运动，也就是说，目标值不再保持平衡，而是向一个方向发生偏移，这里假设为5°，由于地心引力的作用，无人机不会在自然状态下保持一个非0° 的航姿停留在空中，因此无人机将会利用自身的PID 系统不断努力调整电机输出的比例来维持这个偏移角，也就是在这个过程中，无人机会受到一个由差速带来的力F_s，这就是驱动无人机向某一方向运动的源头。如图 4-16所示，无人机的目标值产生了一个角度偏差，无人机会向该角度正向旋转的方向前进，反之相反。

平衡悬停　　　向目标角度调整　　　维持目标值　　　反向0°调整

图4-16　Bird-Drone无人机PID控制过程

　　另外，航向角的运动也采用同样的理论。当然，Pitch、Roll、Yaw 三个角度也可以同时产生偏移目标值，那么就可以复合出很多运动状态。

思考与练习

一、填空题

1. 无人机飞行控制系统的基本任务是完成＿＿＿＿＿、＿＿＿＿＿、＿＿＿＿＿。

2. 无人机主控芯片是飞行控制系统的核心组成部分，根据获取信息解算无人机的＿＿＿＿＿、＿＿＿＿＿、＿＿＿＿＿等信息。

3. 姿态传感器用于感受无人机的＿＿＿＿＿、＿＿＿＿＿、＿＿＿＿＿，用于实现姿态稳定与航向控制功能。

4. 利用气压与高度的关系，通过观测气压测量飞行器飞行气压高度（又称相对高度）的传感器称为＿＿＿＿＿。

5. 通过感受飞行器飞行时气流的冲击力量，即动压，与空气静止时的压力相比，从而转换出飞行器空速的传感器是＿＿＿＿＿。

二、论述题

1. 飞行控制系统的组成有哪些？

2. 无人机姿态传感器包括哪几部分，分别实现了哪些功能？

3. 简述无人机导航模块的组成及功能。

4. 如何理解姿态解算就是深度解算？

5. 简述PID 控制中的P、I、D分别代表的意义。PID控制是如何影响多旋翼无人机姿态的？

第5章
4旋翼无人机气动模型仿真系统

5.1　X-Plane飞行模拟软件介绍

　　X-Plane是一款飞行模拟软件，软件的PC版本支持macOS X、Windows和Linux操作系统，移动版本支持操作系统Android、iOS和WebOS。X-Plane软件包中包括一些轻型飞机和商用飞机、支线客机及军用飞机，还包括几乎全球的地景。同时，该软件扩展性非常好，支持开发人员任意扩展功能，比如添加自己设计的飞机，或者自己制作的地景。

1. 安装和设置

　　X-Plane系列在安装时可以选择需要安装的地景区域（每块区域10°×10°），不常飞的地方可以去掉，这样可以大大减少占用的硬盘空间。

2. 启动界面

　　该软件在启动时因为需要加载很多的地形数据，需要的时间比较长，启动界面如图5-1所示。该软件的输入设备设置比较复杂，软件里除了操纵杆的横轴和纵轴，其他所有的附加轴向和按钮都需要自己指定功能并校准。

图5-1　X-Plane启动界面

3. 飞行感受

X-Plane作为比较专业的飞行模拟软件，很注重飞行的流畅性，当每秒帧数降低到一定程度之后，系统会自动降低渲染细节程度来保证一定的速度，座舱中的仪表数据也是每帧更新一次，整体感觉十分流畅，不过在飞行经过地景区域边界的时候，可能由于选择的纹理分辨率太高，显存不足，还是有1s左右的延迟，如图5-2所示。在气动模型上，由于X-Plane是根据飞行器的几何外形和一些比较方便获取的数据来进行模拟的，通常来说模拟的驾驶感受都不会太差，而相对的，"微软模拟飞行"（另一款飞行模拟软件）完全是根据飞行器不同状态下的数据表格来计算的，这样好的飞机模型可以仿真出真实的操作感受，但是这样的飞行器模型需要设置完整的试飞参数，制作难度会增加很多，再加上表格的局限性，某些特殊的飞行器/飞行状态可能在"微软模拟飞行"里完全没法正确模拟，如有8个发动机的B-52轰炸机在坏掉1~8台发动机情况下的飞行特性、翼面不同位置破损造成的变化等。

图5-2　气动模型

X-Plane中的气象模型也是比较真实的，里面完整模拟了垂直气流对飞行器的影响，不管是山区低空飞行的颠簸还是强对流天气下小飞行器被直接拍到地面，在软件中都有体现。海浪的振幅/波长/方向对水上飞行器起降的影响也被考虑进去了。

X-Plane以超大容量为代价，提供了相当精细的地形，再加上方便的自定义地景工具、良好的天气体现，可以得到近乎真实的场景，如图5-3所示。

X-Plane一直被称道的就是软件中夜晚的灯光表现比较真实（见图5-4），不会出现某些软件中距离较远就看不到灯光的尴尬情景，航母的助降灯终于不再是摆设。

图5-3 近乎真实的场景

图5-4 X-Plane的夜晚场景

然而X-Plane完全没有对动态光影的支持，机身的自阴影也没有实现，光源也只有太阳和环境光，不管是跑道灯还是飞行器上的灯光都没有照明效果，另外其中的地景也不受季节变化的影响，这些都不免让人失望。当然了，得益于高分辨率纹理、漂亮的云彩效果和华丽的水面倒影，整个画面还是让人感觉比较真实的。

4. 特殊仿真

除了正常的飞行模拟，X-Plane中还提供了某些特殊情况的仿真，飞行器上几乎每个大的组件都可以损坏，可以以此来训练飞行员应对突发故障的能力。软件中甚至有到处乱飞的鸟群，操作者也可以安全地体验一下被鸟撞到的感觉，如图5-5所示。

X-Plane的另一个特点就是可以随便调整大气和星球的参数，加上软件自带的两种火星飞行器，操作者还可以尝试在火星飞行的感觉。

图5-5　跑道上的飞行器和鸟群

　　空中交通需要通过第三方的插件来实现，地面交通场景很漂亮，尤其到了夜晚，可以清晰地看到车流的灯光，而且会按照驾驶习惯显示不同的灯光，如在我国是右侧红光、左侧白光，而在英国就是右侧白光、左侧红光。

　　对于一个飞行模拟软件来说，很重要的一个属性就是扩展性。依赖于X-Plane的仿真空气动力学模型，我们可以在软件中很方便地做出各种奇特的飞行器，常规一点的如X-31这种矢量推力的飞行器，或者MV-22这种垂直起降（Vertical Take-Off and Landing，VTOL）飞行器，特殊一点的如飞艇、航天飞行器、里海怪物地效飞行器，甚至X-Wing这种科幻飞行器，如图5-6所示。

图5-6　X-Plane的仿真空气动力学模型

5.2　Plane Maker基本功能介绍

5.2.1　Plane Maker简介

Plane Maker是与X-Plane捆绑在一起的程序，可让用户设计自己的飞行器。使用该软件，几乎可以建造任何可以想象的飞行器。输入飞行器的所有物理规格（例如质量、机翼跨度、控制偏差、发动机功率、机翼截面）后，X-Plane仿真器将预测该飞行器在现实世界中的飞行方式，并像对X-Plane的内置飞行器一样模拟飞行器的性能。如同将一个文字处理文档保存到飞行器中一样，飞行器被保存在Plane Maker中，这些文件可以在X-Plane模拟器中被打开。

Plane Maker的工作流程与飞行器设计师的工作流程类似，在Plane Maker中进行工作的方式也多种多样。以下步骤是从Plane Maker建模时开始的工作流程。

（1）确定设计。

（2）创建飞行器的机身、机翼和机尾。

（3）创建辅助对象，例如起落架和发动机机舱。

（4）设置系统及其内部属性，包括发动机、电气系统、质量、平衡及观察点。

（5）设置飞行器的其他功能，例如增加武器或特殊控制。

（6）创建一个二维仪表板。

（7）在 XY 平面上试飞飞行器，并根据需要从步骤（2）～步骤（6）微调飞行器的功能。

（8）添加纹理、3D 对象及额外的配件等。

5.2.2　Plane Maker界面

1. 启动Plane Maker

在X-Plane目录中找到Plane Maker，该目录默认位于桌面上，只需双击"Plane-Maker.exe"（在macOS X中为"Plane-Maker.App"）即可启动该程序。

请注意，在Windows 7和Vista中，X-Plane和Plane Maker都存在与 Aero桌面效果有关的已知问题。启用Aero后，框和文本可能会从应有的位置略微偏移。要更正它，需用鼠标右键单击"X-Plane.exe"图标（或用于启动X-Plane的快捷方式），然后单击"属性"按钮。在出现的窗口中，转到"兼容性"（Compatibility）选项卡，然后选中标记为"禁用桌面合成"（Disable desktop composition）的复选框，如图5-7所示，对"Plane Maker.exe"图标或用于启动Plane Maker的快捷方式重复此操作。

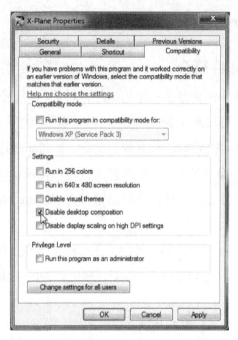

图5-7 "兼容性"（Compatibility）选项卡

2. 打开和保存飞行器

要在Plane Maker中打开飞行器，请单击"文件"（File）菜单，然后单击"打开"（Open）选项，如图5-8所示。在此界面，可导航到包含要修改的.acf 文件的文件夹，与在X-Plane中打开飞行器一样，双击.acf 文件，或者单击一次.acf 文件，再单击"打开"选项。

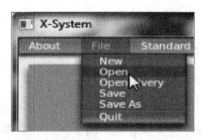

图5-8 单击"打开"（Open）选项

要保存对飞行器文件所做的任何更改，请打开"文件"菜单，然后单击"保存"（Save）选项，对飞行器所做的任何更改都会在下次将飞行器加载到X-Plane中时反映出来。

要为飞行器装载特定的油漆作业（称为涂装），请首先在Plane Maker中打开飞行器，然后打开"文件"菜单，单击"Open Livery"选项。单击要加载的涂装旁边的单选按钮，然后关闭"Livery"选项对话框（通过按"Enter"键），Plane Maker将加载选定的涂装。如果在加载某些涂装后保存飞行器文件，则在X-Plane中打开飞行器时，将自动应用该涂装。

3. 创建飞行器文件

要创建一个新的飞行器项目，请打开"文件"菜单，然后单击"新建"（New）选项。可使用Plane Maker制造一架只有圆柱形机身的新飞行器。如果在此处单击"文件"选项，选择"另存为"选项，则可以选择将新飞行器保存到文件夹。请首先确保在文件浏览器（Windows资源管理器、Finder等）中已创建该文件夹。

将三维模型加载进 Plane Maker的步骤如下。

（1）单击"File"→"New"选项创建文件。

（2）单击"File"→"Open"→"Aircraft"选项，打开"F450-F450.acf"文件，单击"Open"选项，单击"Understood"选项。

（3）单 击 "Standard" → "Misc Obiects" 选 项，选 择 "Aircraft" → "F450" → "Obiects"选项，选择"F450.obj"文件，单击"Open"选项。

注意：文件名称和内部文件名称要一致，否则会出错，然后启动模型参数设置"Standard"→"Viewpoint"选项，保存飞行器的标准位置在X-Plane主文件夹内的"Aircraft"文件夹。例如，可以在"X-Plane 9\Aircraft\ATOS20\ ATOS20.acf"位置找到X-Plane 9创建的飞行器，轻松地将项目保存在相应的文件夹。

4. 使用视图

在Plane Maker主窗口中，显示正在工作的飞行器的3D模型。例如，图5-9显示了X-Plane 9的"ATOS20"文件中的3D模型。

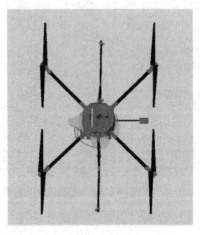

图5-9　3D模型

可以使用键盘上的箭头键"←""→""↑""↓"移动整个飞行器模型。注意：轴是倒置的。按向左箭头可将模型向右移动，按向下箭头可将模型向上移动，依此类推。

可以使用"W""A""S""D"键围绕其中心旋转和滚动3D模型。可以使用"+"和"-"键放大和缩小模型。注意:可以在按住"Shift"键的同时按"↑""↓""←""→""-""+"键来更快地移动或放大/缩小模型。

此外,在大多数设置对话框中,当"飞行器制造商"窗口本身足够宽时,在屏幕右侧可以看到飞行器的3D模型,如图5-10所示。

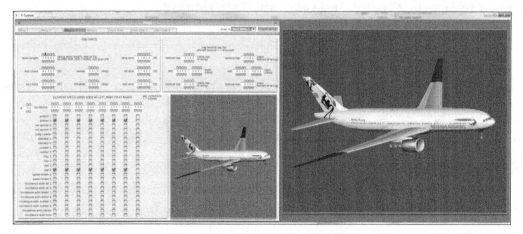

图5-10　屏幕右侧看到的飞行器的3D模型

Plane Maker可以显示飞行器模型的常规蒙皮视图(模型在X-Plane中的外观),也可以通过线框视图显示飞行器的实际结构。按"Space"键可以在这两个视图之间交换。图5-11并排显示了这两个视图。

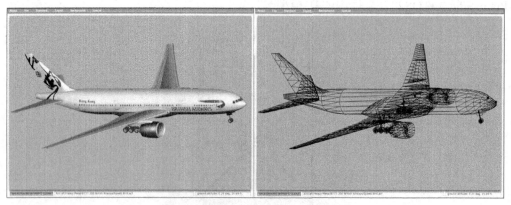

图5-11　波音777的蒙皮视图和线框视图

线框视图可用于辨别飞行器的确切位置与身体其余部分之间的关系,其中的点表示飞行器的重心、飞行员的试点、喷气发动机的位置,以及其他此类功能。

"背景"(Background)菜单提供了许多特殊的视角选项,这些视角对于设计师来说都是有用的。它们是"顶视图"(Top)、"底视图"(Bottom)、"侧视图"(Side)、"正视图"(Front)和"后视图"(Back),如图5-12所示。

图5-12 "背景"（Background）菜单界面

单击菜单中的这些选项之一，可将3D模型移至指定的透视图。例如，"顶视图"给出了飞行器的俯视图，"侧视图"给出了飞行器的俯视图，可以查看飞机的端口（左侧），等等。这些视图的潜在用途是将飞行器模型与其实物的图像进行比较。单击窗口左下角的"背景位图"按钮加载图像，可以将飞行器的实物图像与模型进行比较。

例如，如果有自上而下建模的照片，并且想查看设计与它的匹配程度，可以单击"背景位图"按钮，加载该照片，然后从背景中选择"顶视图"，这会将Plane Maker模型显示在屏幕上居中的真实飞行器照片之上。

5. 改装一架简单的飞行器

想熟悉Plane Maker的工作原理，调整一个简单的飞行器可能会有所帮助，X-Plane 9中的波音777是一个不错的选择。在文件夹中找到"triple seven"，路径为"X-Plane 9/Aircraft/Heavy Metal/B777-200 British Airways/"。

这是在以下示例中展示的飞行器。使用"文件"菜单加载选择的基本飞行器，然后打开"标准"（Standard）菜单并单击"机翼"（Wings）选项，如图5-13所示。

图5-13 单击"机翼"（Wings）选项

对话框打开后，单击对话框顶部标记为"Wings 1-4"的选项卡。飞行器模型机翼的不同部分将变黑并微闪，这样更易于看到窗口是否足够宽，以便在右侧显示辅助飞行器模型。此外，只有在机翼未被隐藏的情况下，才可以在"专家"（Expert）菜单的"不可见零件"对话框中使用它。显示为黑色的机翼部分是当前选项卡控制的部分。在模型为波音777的情况下，机翼部分1、2和3构成整个机翼。

尝试选择"Wings"标签，这将选择距波音777机身最远的机翼部分。现在有许多方法可以修改机翼。在"铝箔规格"部分找到"半长"值，尝试单击此处的数字上方和下方来延长和缩短机翼段。例如，在图5-14中，将机翼段加长了约20ft（1ft=0.3048m）。

图5-14 波音777的加长机翼

如果要保存此文件并在X-Plane中飞行，会发现机翼会产生更大的升力，但是它们也会使飞行器的操纵性差得多（具有高纵横比的功能）。

此示例很有用，因为它演示了Plane Maker中非常常见的界面。在"Winks"标签的"铝箔规格"部分具有任何给定机翼的属性，每个属性都可以单独设置，并且可以组合起来以提供完整的机翼设置。

还要注意，将鼠标指针移到Plane Maker中的输入字段上将获得该字段控制内容的描述。例如，不知道扫掠的作用是什么，可以将鼠标指针悬停在输入字段中的数字上，就可以看到以下描述：扫掠是机翼从笔直伸出飞行器侧面后掠的角度。机翼后掠用于高速行驶，后掠是因为机翼不必正面冲击空气。

5.3 无人机气动模型仿真系统

气动模型辅助导航方法的提出起始于20世纪90年代末，目的是利用飞行器自身的动力学特性与运动信息辅助低精度惯性导航系统，提高系统的导航性能。该方法得到了国外学者的关注，他们在气动模型辅助导航的可行性、有效性和滤波方案设计等方面进行了较为广泛的讨论。相关研究中以固定翼无人机为对象，建立了完整的气动模型和全信息数据融合方案中的状态方程、量测方程。

仿真中根据规划的飞行轨迹进行了验证，结果表明，低精度惯性导航系统在气动模型的辅助下，其位置、速度、姿态角等导航参数的解算精度较原系统有显著提高。相应的研究成果验证了气动模型辅助惯性导航系统的可行性。另外，相关研究中利用不同精度的气动模型对辅助惯性导航系统进行辅助，并对组合导航效果进行了比较，结果表明，气动模型的精度提高是后期技术发展的关键。

飞行器的气动模型基于自身动力学方程与运动学方程，描述了其姿态、速度、位置等运动参数与飞行器气动结构参数及飞行控制量之间的关系。在飞行器气动结构参数与飞行控制量已知的条件下，结合动力学原理，气动模型可以独立自主地提供飞行器的姿态、角速度、速度、加速度等运动信息。这些运动信息与飞行器导航所需参数有直接的联系，将其与已有导航系统的输出信息进行融合，能够在一定程度上提高飞行器的自主导航精度与可靠性。

气动模型辅助导航方法具有自主性强、成本低、适用范围广等优点。飞行器气动模型利用大气数据信息进行运动参数的解算，测量这些信息的传感器原理大多是基于机械力学和运动学特性，不会出现信号受外界遮挡等情况，极大程度上提高了导航系统的自主性。由于气动模型仅需要利用飞行器飞行必备的传感器，不需要额外的硬件设备就可以解算出导航中所需的运动参数，大大降低了导航系统的制作成本。气动模型辅助导航方法自主性强、成本低的特点有利于扩展导航系统的适用对象和应用范围。与传统导航方式相比，用气动模型辅助已有的导航系统可以进一步满足无人机对高精度、高可靠性导航系统的需求。

SolidWorks绘制出来的三维模型可另存为.wrl格式。三维模型的线条数量较多，对计算机的性能要求较高，为了方便模型在仿真系统中顺畅仿真，可使用AC3D软件对其进行线条优化。

5.3.1　气动模型准备

1. 本地目录准备

首先在本地目录中创建文件夹，如"X-Plane9/Aircraft/F450"文件夹。在"F450"文件夹里新建"objects"文件夹，将上色的图片和扩展名为.obj的文件放进去（两个文件命名要统一，例如"F450_paint.png""F450.obj"）。

2. 气动建模软件Plane Maker准备

打开Plane Maker，通过单击"File"→"New"选项创建文件，单击"File"→

"Save as"选项。单击"File"选项，然后单击"New"选项，Plane Maker将制造出一架只有圆柱形机身的新飞行器。如果在此处单击"文件"→"Save as"选项，则可以选择将新飞行器保存到指定文件夹中。请首先确保在文件浏览器（Windows资源管理器、Finder等）中已创建该文件夹。

此时在创建过程中保存机身时，Plane Maker将显示警告，因为尚未输入关键信息。可以在每次保存后单击警告中的"Understood"按钮，依次阅读相关手册。

3. 作者详细信息和基本信息输入

用户可以使用"飞行器作者"窗口来输入有关作者及飞行器创作的详细信息。新设计的飞行器在此处填写更多的字段。

尽管X-Plane用户界面当前未使用"作者"对话框中这些可用字段，但Laminar Research计划在将来使用。填完这些字段后，当用户界面升级时可以按照名称、制造商、类别（通用航空、客机、滑翔机等）等搜索飞行器。

5.3.2　F450型多旋翼机身气动建模

打开Plane Maker软件，单击"Standard"选项，选择"Fuselage"选项，调出机身设置参数界面，如图5-15所示。

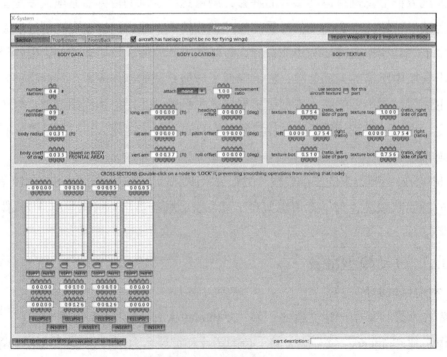

图5-15　机身设置参数界面

在创建飞行器机身时，会反复用到一些知识。第一个是参考点，第二个是在Plane Maker中相对于参考点设置位置的方式。

（1）参考点。

Plane Maker 中的所有对象（机身、机翼等）都是相对于某个固定点（称为参考点）放置的。例如，可在 Plane Maker中设置飞行器的机身（尤其是飞行器机身的前部尖端）位于参考点——0英尺（1英尺≈0.3048米）、0角度。同样，机翼可能位于参考点后10英尺处，向后倾斜了几度。

参考点本身并不存在任何意义，它只是飞行器上的某个位置，其他所有位置都与该位置有关。尽管参考点可以是任意点，但应该选择一个有意义的点。一些飞行器设计师喜欢将机身中心设为参考点，而另一些飞行器设计师则喜欢将翼尖设为参考点。

（2）在 Plane Maker 中设置位置。

显示对象位置的3个标准控件如图5-16所示。

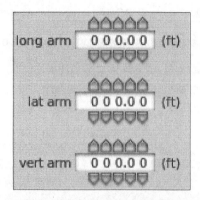

图5-16　显示对象位置的3个标准控件

Plane Maker中的标准位置参数是纵向臂、横向臂和垂直臂，分别对应图5-17中的 X_t、Z_t和Y_t，每次测量均相对于参考点。

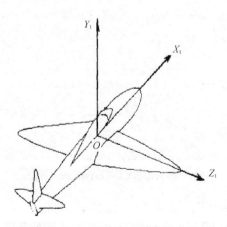

图5-17　Plane Maker 中的标准位置参数

表5-1为解释这些位置控件的含义提供了参考。例如，"垂直臂"参数中的正值表示对象将在参考点上方。

表5-1 参数表示的意义

参数	正值	负值
纵向臂	在参考点后面	在参考点前面
横向臂	在参考点右侧	在参考点左侧
垂直臂	在参考点上方	在参考点下方

（3）解释位置设定值。

在物体具有侧向对称性的情况下（即在飞行器的两侧都被复制，就像机翼截面一样），表5-1中的准则适用于飞行器右侧（右舷）的物体。同样，对于左侧（端口）的对象，横向臂值也相反。因此，某个机翼部分的正侧向臂值意味着右机翼部分将向参考点的右侧移动，而左机翼部分将向参考点的左侧移动。要开始使用机身，请打开"标准（Standard）"菜单，然后单击"机身"（Fuselage）选项，弹出的"机身"对话框顶部显示了3个选项卡，每个选项卡都有不同的用途。"截面"（Section）选项卡显示了机身的横截面视图被切成许多块。"顶部/底部"（Top / Bottom）选项卡显示了横截面视图中定义的点的3个不同透视图，可以在三维空间中查看它们的关系。"正面/背面"（Front / Back）选项卡从正面角度显示了机身的相同点。

BODY DATA参数设置界面如图5-18所示。

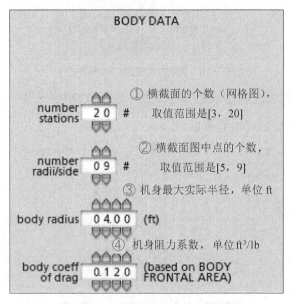

图5-18 BODY DATA参数设置界面

BODY DATA参数说明如下。

① 横截面的个数（网格图）（number stations）：取值范围是[3，20]。

② 横截面图中点的个数（number radii/side）：取值范围是[5，9]。

③ 机身最大实际半径（body radius）：网格图的宽度应保证足够大以便显示完整的

飞行器的横截面，一般设置为机身最大实际半径，单位为ft。

④ 机身阻力系数（body coeff of drag）：单位为ft^3/lb。

$$机身阻力=机身阻力系数×机身面积×空气密度×空速^2/2$$

BODY LOCATION参数设置界面如图5-19所示。

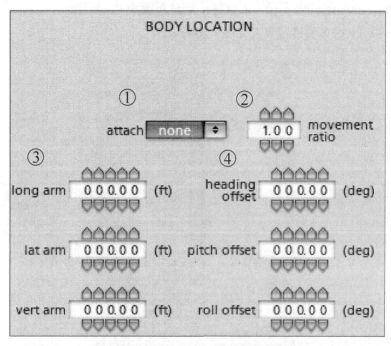

图5-19　BODY LOCATION参数设置界面

BODY LOCATION参数说明如下。

① 连接物（attach）：一般不在此处选择，通常在"Misc Body"中添加，效果与此处一样。

② 移动比例（movement ratio）：一般设为1.00。

③ 机身的位置（long arm，lat arm，vert arm）：单位为ft。

④ 机身的航向偏角、俯仰偏角和滚转偏角（heading offset，pitch offset，roll offset）：单位为deg。

除标准位置控件外，BODY LOCATION参数设置界面还包含方向控件，如航向、俯仰和滚转偏移等参数，表5-2列出了参数表示的意义。

表5-2　参数表示的意义

参数	正值	负值
航向偏移	纵轴指向右（右偏）	纵轴指向左（左偏）
俯仰偏移	横轴指向上方	横轴指向下方
滚转偏移	向右滚动（右旋）	向左滚动（左旋）

（4）解释方向设定值。

横断面（CROSS SECTION）参数设置界面显示飞行器机身的切片。机身数据框中设置了切片数量，机身上只有一片，每一部分都放在一个网格白色方框中。每个切片均由"BODY DATA"参数设置界面中的"number radii/side"参数指定的点数组成。由于大多数设计保证每边最多9个半径，因此每个切片可能由9个点组成。

CROSS SECTION参数设置界面如图5-20所示。

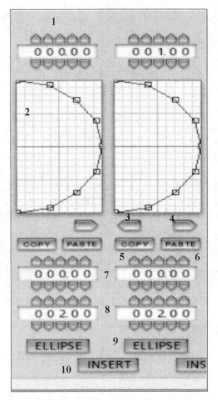

图5-20　CROSS SECTION参数设置界面

在图5-20中，1为该横截面相对参考点的位置（纵向），单位为ft；2为定义横截面形状，仅定义右侧，左侧服从镜像原则；3为将此横截面复制到相邻左侧；4为将此横截面复制到相邻右侧；5为整体复制横截面；6为整体粘贴横截面；7为该横截面相对参考点的位置（侧向），单位为ft；8为该横截面相对参考点的位置（垂直方向），单位为ft；9为将横截面四舍五入成最接近平滑曲线的椭圆，锁定的点（双击变黑）不会被修改；10为插入一个新的横截面网格图。

建模型时，Plane Maker会将这些切片缝合在一起，因此所有横截面将形成一个完整的飞行器机身。

以F450型4旋翼无人机气动模型为例，机身参数设置界面如图5-21所示。

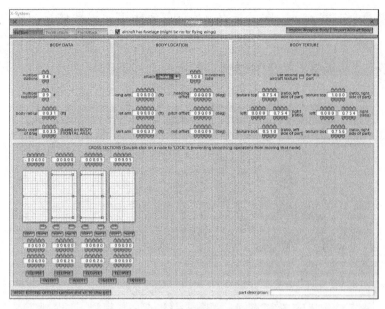

图5-21　机身参数设置界面

5.3.3　支臂的气动建模

单击"Standard"选项，选择"Misc Bodies"选项做两个支臂，参数设置界面如图5-22所示。

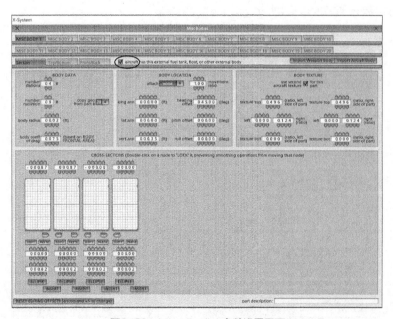

图5-22　Misc Bodies参数设置界面

如图5-22所示，首先选中"aircraft has this external fuel tank,float, or other external body"复选框才能开始创建辅助机身，然后复制第1/2/…/20个辅助机翼的"BODY DATA"选项，其余参数设置类似于"Fuselage"选项。

注：如果两个支臂大小不同，会直接影响气动模型，导致仿真系统在仿真时出现错误。

以F450型无人机为例，支臂1的参数设置如图5-23所示。

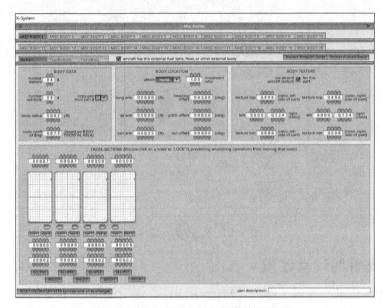

图5-23　Misc Bodies支臂1参数设置界面

支臂2的参数设置如图5-24所示。

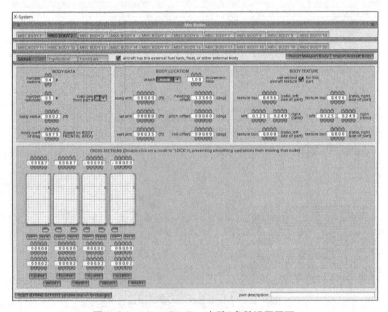

图5-24　Misc Bodies支臂2参数设置界面

5.3.4　发动机的气动建模

飞行器的发动机及相关的螺旋桨、推进器等构成其推进子系统。要创建飞行器的发动机，需打开"Standard"菜单，然后单击"发动机规格"（Engine Specs）选项，单击"发动机规格"对话框的"位置"（Location）选项卡，可以设置发动机和螺旋桨的数量、类型、位置和其他属性。根据所选择的发动机类型，此处可用的参数会有所不同。单击"Standard"→"Engine Specs"选项，显示如图5-25所示界面。

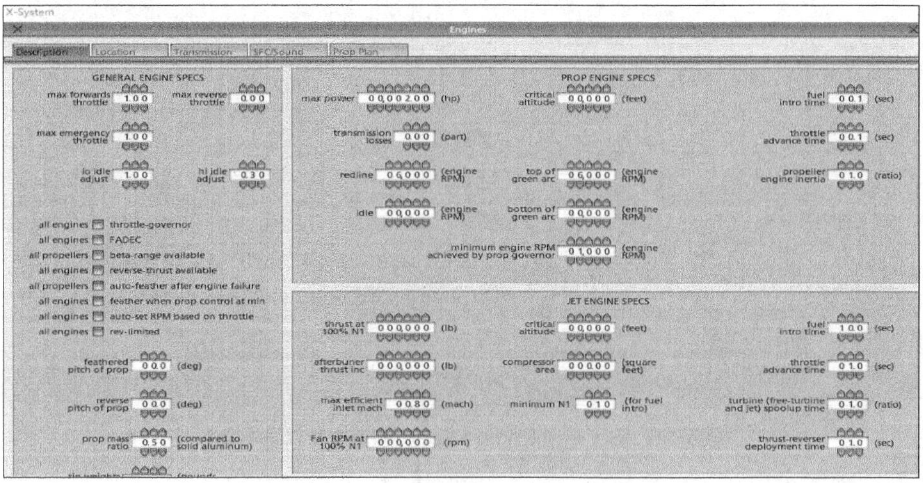

图5-25 Engine Specs参数设置界面

螺旋桨设置将集成到发动机设置列中。发动机选用electric，螺旋桨选用manual pitch主螺旋桨。

螺旋桨数量和类型设置的下方是"桨叶数量"控件，可以为每个螺旋桨独立设置该数量。桨叶数量的旁边是旋转方向，顺时针旋转是CW，逆时针旋转为CCW，从下方看飞行器时，可以将旋转方向设置为顺时针或逆时针旋转。

General Engine Specs参数设置界面如图5-26所示。

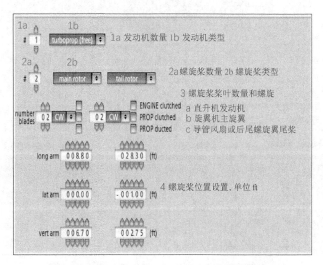

图5-26 General Engine Specs参数设置界面

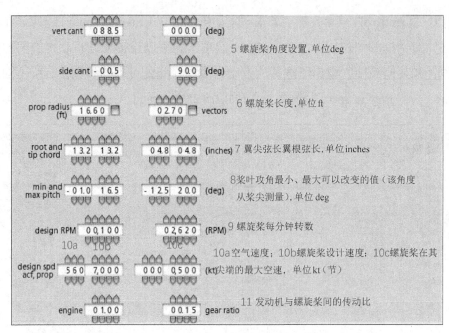

图5-26 General Engine Specs参数设置界面（续）

以F450型无人机为例进行的发动机参数设置如图5-27所示。

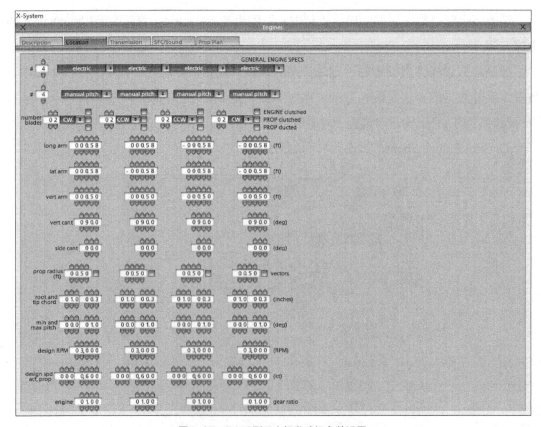

图5-27 F450型无人机发动机参数设置

在System参数设置界面中，把电池容量设置成最大，如图5-28所示。

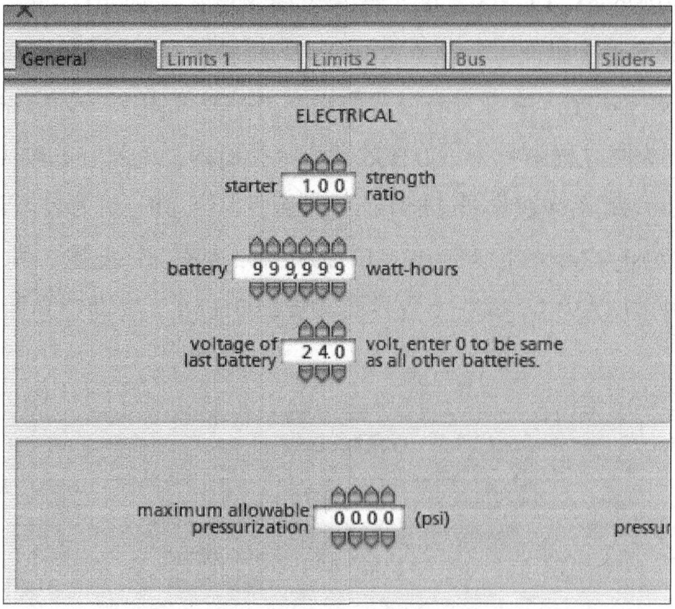

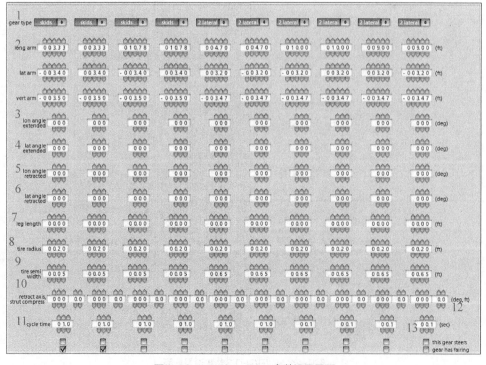

图5-28 System参数设置界面

5.3.5 塑造脚架气动模型

Landing Gear参数设置界面如图5-29所示。

图5-29 Landing Gear参数设置界面

图5-29中，1为起落架类型；2为起落架位置，单位为ft；3为机轮伸展时偏离垂线的角度（纵向），单位为deg；4为机轮伸展时偏离垂线的角度（侧向），单位为deg；5为机轮收回时偏离垂线的角度（纵向），单位为deg；6为机轮收回时偏离垂线的角度（侧向），单位为deg；7为支柱长度，单位为ft；8为机轮半径，单位为ft；9为机轮半宽度，单位为ft；10为起落架在收回过程中，为了方便放置在飞行器内，绕着它的轴（支柱）旋转的角度，单位为deg，或为起落架在收回过程中压缩长度，单位为ft；11为起落架完全伸展到完全收回的时间，单位为s；12为是否为转向轮；13为机轮是否具有流线型整流罩。

CENTER OF GRAVITY参数设置界面和WEIGHTS参数设置界面分别如图5-30和图5-31所示。

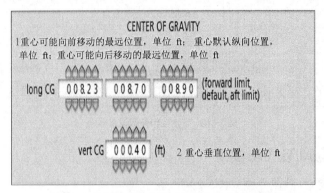

图5-30　CENTER OF GRAVITY参数设置界面

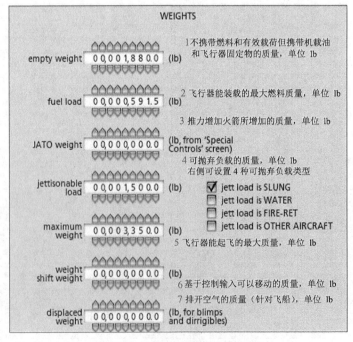

图5-31　WEIGHTS参数设置界面

以F450型无人机气动模型为例，脚架参数设置界面如图5-32所示。

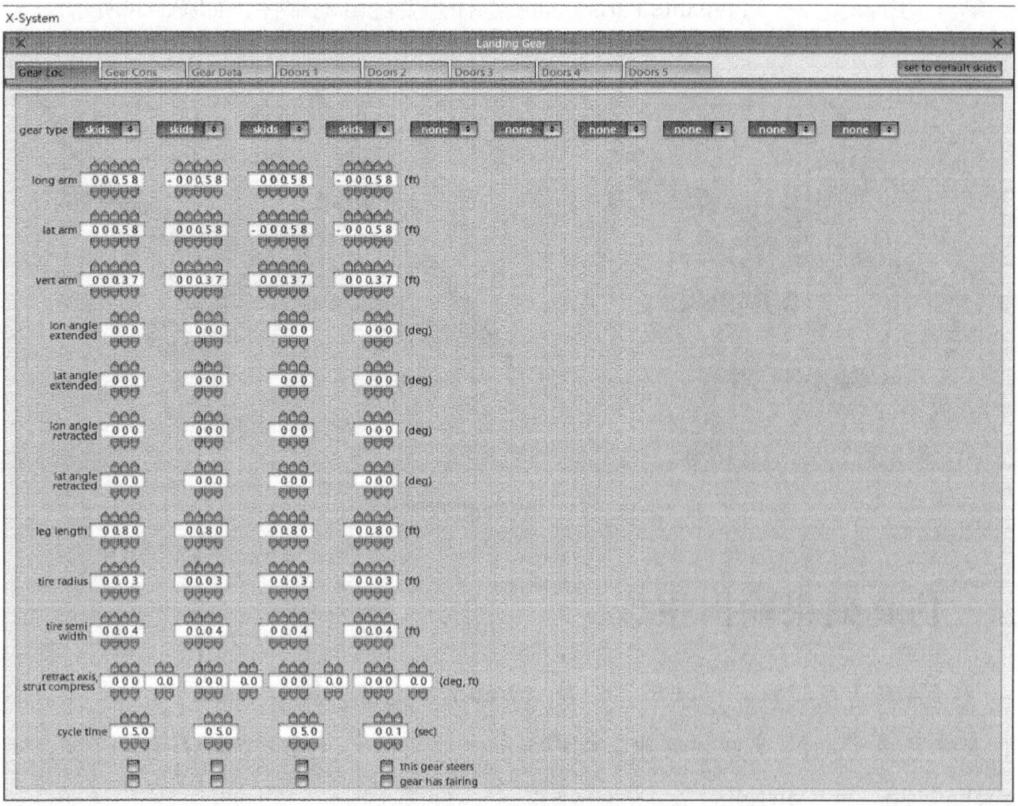

图5-32　脚架参数设置界面

Plane Maker不是3D建模程序，它仅用于布置飞行器的基本空气动力学形状和特性。因此Plane Maker无法制作3D座舱所需的复杂模型，也无法创建整个飞行器高度详细的模型，以覆盖用于计算飞行参数的基本Plane-Maker模型。建好的气动模型如图5-33所示。

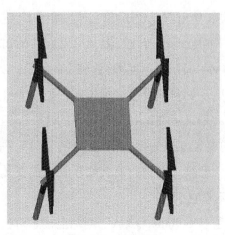

图5-33　气动模型

若使用之前利用AC3D建立的模型，可单击"Misc Objects"选项，将之前的模型导入。单击"Expert"→"Invisible Parts"选项选择想要隐藏的部件，如图5-34所示。

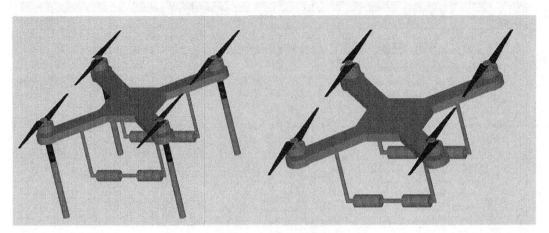

图5-34　脚架隐藏前后对比

5.4　仿真效果输出报告

飞行器制造完成后，可以将其分发到Web上。为此，需要确保具有包含飞行器的单个文件夹（".acf"文件、对象、纹理等）。该文件夹可能包含许多子文件夹，例如"cockpit_3d"或"airfoils"，除非它们位于飞行器文件夹内的正确子文件夹中，否则不能保证飞行器相关组件（包括3D驾驶舱、机翼和物体）均能正常工作。另外，要确保.acf文件具有可识别的名称。

准备好飞行器文件夹后，将整个文件夹压缩成扩展名为".zip"的文件。Windows用户可以通过右键单击文件夹，将鼠标指针移至"发送到"选项，然后选择"压缩（压缩）文件夹"选项来执行此操作。masOSX用户可以用鼠标右键单击（或按住"Option"键单击）文件夹，然后选择"压缩[文件夹名称]"选项。

读取.zip文件后，剩下的就是上传飞行器。可以在"X-Plane.org"上创建一个免费账户，然后上传文件。这样做可以让其他用户看到你的设计。

下面介绍故障排除方法及如何提交故障报告。根据一般经验，遇到问题后首先应考虑将软件更新到最新版本。如果正在运行最新版本的软件，但仍然有问题，则可以通过手动运行X-Plane网站上的安装程序来检查问题文件。选择"更新X-Plane"选项，选择要更新的副本，然后单击"继续"按钮，安装程序将扫描安装，以查看是否缺少或更改了任何默认文件，并允许还原它们。

如需其他帮助，可先在"X-Plane Q&A"网站上搜索解决方案，也可以在网站上询问自己的问题（如果已有解决方案尚未涵盖此问题），相关的研究团队成员和知识渊博的社区成员会回答。该网站还具有评论、投票、通知、要点和排名等功能。

提交故障报告时，需要提供尽可能多的信息，X-Plane开发人员可能需要知道所有信息来重现故障，具体包括（但不限于）以下信息。

（1）有问题的软件（Plane Maker 等）。

（2）使用的操作系统。

（3）有问题的版本。

（4）使用的硬件（如果仅在使用某些硬件时出现此问题）。

（5）重现问题所需的确切步骤（尽可能具体且循序渐进）。

此外，在提交故障报告之前，请确保使用的是最新版本的Plane Maker（包括确保没有使用过时的快捷方式），确保自己了解要报告故障的功能。如果不确定是否存在故障或需要技术支持，请在"X-Plane Q & A"网站上询问。

提交报告时，需要在X-Plane文件夹中附加一个"log.txt"文件，以及任何视觉问题的PNG屏幕截图。"log.txt"文件将提供有关系统的许多信息，这些信息将有助于加快分析故障的速度。要提交故障报告，请使用"X-Plane Bug Reporter"选项。

如果报告提交正确，将不会收到任何反馈。该报告将被保存和调查，并根据其优先级在之后的更新中进行修复。

思考与练习

1. 简述Plane Maker 中的参考点。
2. 如何计算机身阻力系数？
3. 机身的位置主要针对哪几个参数设置？
4. 发动机部分螺旋桨的气动建模参数是如何设置的？
5. 塑造脚架的模型应设置哪些参数？如何设置？

第6章
遥控器调试及仿真飞行操作

6.1　仿真系统的具体实施过程

准备一台安装有X-Plane9的计算机，鼠标左键双击"X-Plane.exe"图标运行软件。

（1）初始界面为驾驶舱视角（见图6-1），初始默认飞机型号为"Cessna_ 172SP"，默认机场为"Innsbruck Kranebitten"。

图6-1　驾驶舱视角

（2）单击菜单中"Aircraft"→"Open Aircraft"选项，选择飞机"ATOS20.acf"，如图6-2所示。

（3）单击菜单中"Location"→"Select Global Airport"选项，在"Apt"文本框内输入"ZUAV"或其他机场代码，单击"Go To This Airport"选项，将飞机放置在相应机场中，如图6-3所示。

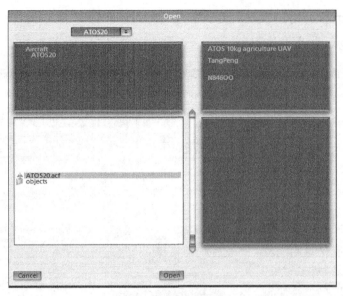

图6-2　机型选择窗口

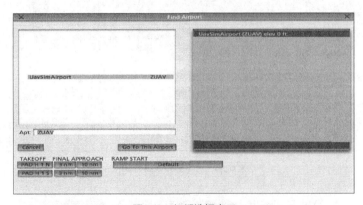

图6-3　机场选择窗口

（4）单击菜单栏中的"Environment"选项，可以设置仿真环境。

① 单击菜单栏中的"Environment"→"Date&Time"选项，"Time"为时间（建议选择"12"），"Data"为月份（建议选择"Jul"）。

② 单击菜单栏中的"Environment"→"Weather"选项，设置环境参数，如图6-4所示。

③ 可以通过设置以下参数来模拟环境的变化，如图6-5所示。

图6-5中最上面标题栏一行可进行快速设置，各参数说明如下。

visibility：设置环境能见度。

precipitation：设置降雨量。

thunderstorms：设置雷暴雨。

wind and turbulence：设置风和气流。

microburst probability：设置下击暴流。

rate of change：设置变化率。

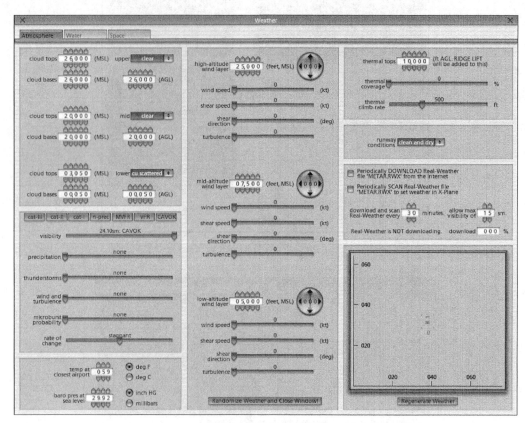

图6-4　环境参数设置界面

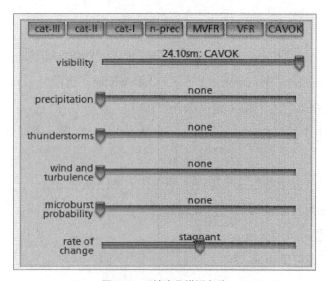

图6-5　环境变化模拟参数

（5）利用菜单栏中的"View"选项，可以选择不同的视角，并可以查看视角切换相关的快捷键，如图 6-6 所示。

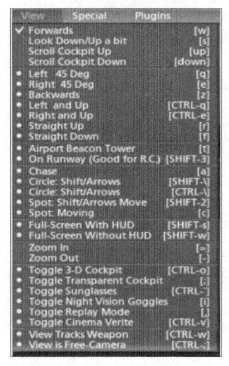

图6-6　菜单栏"View"命令下的选项

下面介绍几种常用视角。

① "Forwards"：第一人称视角，快捷键为"W"。

② "Circle：Shift / Arrows"：自由视角，快捷键为"shift-\"，"+"和"－"为镜头的缩放。通过键盘的方向键可控制镜头的移动。

③ "Chase"：跟随视角，快捷键为"a"。

④ "Airport Beacon Tower"：实际作业视角，即人不动而飞行器在动，快捷键为"t"。

（6）单击"Special"→"Show Flight Model"选项可显示各个螺旋桨的下气流变化。

（7）单击"Aircraft"→"Cycle 3D flight"→"Path"选项可显示飞机的飞行轨迹（每点一次显示不同类型的轨迹，以及关闭轨迹显示）。

6.2　仿真系统使用说明

6.2.1　仿真套件组成

仿真套件组成主要包括主控器、连接线、遥控器及地面站，如图6-7所示。

（a）主控器　　　　　　　　（b）连接线　　　　　　（c）遥控器及地面站

图6-7　仿真套件组成

6.2.2　遥控器组成

遥控器组成如下。

（1）左手摇杆：美国手，上下为油门，左右为航向；日本手，上下为俯仰，左右为航向。

（2）右手摇杆：美国手，上下为俯仰，左右为滚转；日本手，上下为油门，左右为滚转。

（3）姿态模式按钮。

（4）位置控制模式按钮。

（5）遥控器开关。

（6）返航按钮。

（7）紧停按钮。

（8）解锁/降落按钮。

（9）泵开关（暂无）。

（10）泵速率（暂无）。

打开/关闭遥控器，可短按加长按电源按钮；起飞前，长按"L"键，遥控器震动3次，飞行器解锁；需要降落时，长按"L"键，遥控器震动，飞行器自动降落；执行作业时，可切换至A/P模式；飞行器需要返航时，长按"H"返航，实现自动返航；飞行器出现意外、需要停止螺旋桨转动时，可同时按住电源键和"X"键。

6.2.3　飞行模式

虚拟仿真飞行控制系统支持姿态模式、GPS速度模式和自动驾驶模式3种控制模式。不同控制模式所带来的飞行体验不同，见表6-1。

表6-1 3种控制模式指标比较

指标	姿态模式	GPS 速度模式	自动驾驶模式
横滚和俯仰摇杆	摇杆中立点对应飞行器姿态为0°，摇杆端点对应飞行器姿态为35°	摇杆中立点对应飞行器速度为0m/s，摇杆端点对应飞行器速度为12m/s	无需遥控器操作
油门摇杆和高度锁定	油门摇杆回中进入高度锁定，油门摇杆推到最上端上升速度为6m/s，油门摇杆拉到最下端下降速度为3m/s		无需遥控器操作
松开摇杆	姿态稳定，无位置锁定	锁定位置不变（有GPS 信号）	无需遥控器操作
GPS 信号丢失	姿态稳定，无位置锁定	GPS 信号丢失后3s，进入姿态模式	无需遥控器操作
偏航摇杆和偏航角速度	最大航向角速度为150°/s		

6.2.4 遥控器使用及配对

1. 何时需要完成无人机与遥控器配对

首次使用遥控器，需要建立遥控器与飞行器上的接收机之间的通信，即对频操作或称配对操作。对照图6-8遥控器连接指示灯状态，判断是否需要完成无人机与遥控器配对。

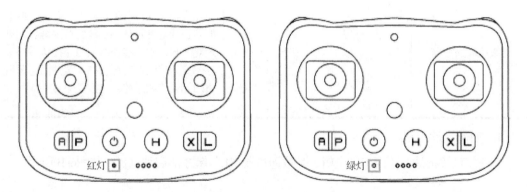

图6-8 遥控器连接指示灯状态

（1）首先打开无人机和遥控器电源。

（2）当遥控器的连接状态指示灯出现红灯常亮状态时，需要完成配对。

（3）当遥控器的连接状态指示灯出现绿灯常亮状态时，无须进行配对。

2. 如何进行无人机与遥控器之间配对

（1）先倒置飞行器，再给飞行器供电，此时无人机机头的状态指示灯黄灯快闪三次，每次间隔0.5s。

（2）无人机进入配对模式。

（3）开启遥控器配对：长按"H"键的同时打开遥控器（连接状态指示灯变为红灯

闪烁状态），飞行器与遥控器将会自动开始配对（见图 6-9）。

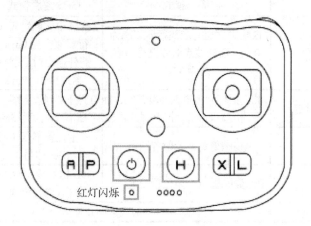

图6-9　配对时遥控器状态和需操作按键

3. 如何判断是否配对成功

配对成功标志及具体说明见表6-2。

表6-2　配对成功标志及具体说明

配对设备	配对成功标志	具体说明
无人机和遥控器	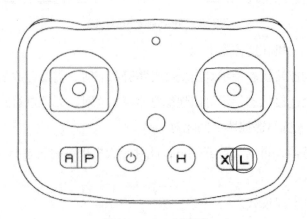	当无人机和遥控器配对成功后，遥控器上的连接状态指示灯将不再红灯闪烁。如果配对失败，那么遥控器上的连接状态指示灯一直呈现红灯闪烁状态，请关闭电源后重启无人机和遥控器，重复配对步骤

4. 如何启动电机

起飞前直接推油门不能启动电机，长按遥控器"L"键才能启动电机，如图6-10所示。

图6-10　启动电机操作

5．如何停止电机

同时按住电源键和"X"键即可停止电机，如图6-11所示。

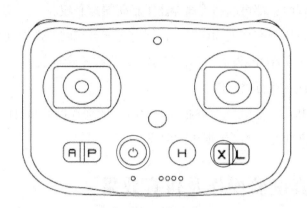

图6-11　停止电机操作

（1）在飞行过程中，无论在何种控制模式下，都不推荐将油门摇杆拉至10%以下。

（2）所有停止和关闭的正常运行都建立在已正确校准遥控器的前提下。

（3）失控保护时，掰杆动作会被主控器屏蔽，使电机保持之前的状态。

6．失控保护

在GPS信号良好、指南针工作正常且成功记录返航点的情况下，如果飞行器与遥控器通信中断，失控保护功能激活，飞行控制系统将接管飞行器控制权，控制飞行器飞回最后一次记录的返航点。

如果在返航过程中，信号恢复正常，返航过程仍将持续，但用户可以通过遥控器控制飞行，且可以取消返航。

（1）返航点。

起飞前GPS模块定位成功后，当第一次启动电机时，主控器记录的飞行器位置为返航点。

如果飞行器起飞前GPS模块没有成功定位，那么GPS模块首次定位的位置就自动记录为返航点。

还可以在App上修改Home点来修改返航点。

（2）取消返航。

飞行器在失去信号3s后才进入失控返航模式，如果3s内重新获得信号，飞行器会立即退出失控返航模式。短按遥控器"P"键即可获得飞行器的控制权。

（3）返航注意事项。

① 确保在飞行器起飞前记录返航点，并且明确知道飞行器记录的返航点是哪里，确保安全使用。

② 返航时飞行器机头正对着返航点（ 飞行器机头朝向可在软件中设置 ），沿着失控地点与返航点之间水平面上的连线直线飞行。

③ 整个返航过程中，都可以利用遥控器重新获得控制权。

④ 返航时，如果周围有高大物体，飞行器有可能会在回航途中受阻。

⑤ GPS信号不好或者GPS没有工作的情况下，失控不会返航。

⑥ 确保返航点适宜飞行器降落。

⑦ 如果启动电机后，未让飞行器起飞，此时关闭遥控器非常危险，飞行控制系统很有可能进入失控保护模式，飞行器很可能起飞。

6.3   虚拟仿真试验操作及仿真效果

（1）模拟精准降落操作（见图6-12）。

① 在晴朗天气，采用GPS模式（"P"挡）实现无人机的精准降落，从01号起飞降落点到02号降落点或者03号降落点。

② 在晴朗天气，采用姿态模式（"A"挡），实现精准降落。

③ 在有风天气，实现各个模式的精准降落。

此模拟操作目的：熟悉无人机方向舵的操作舵量，以应对实际作业时的复杂地形，实现精准手动降落。

图6-12　模拟精准降落操作

（2）高度飞行模拟操作（见图6-13）。

① 在晴朗天气，在GPS速度模式和姿态模式下分别操作无人机起飞，穿越电线杆（可选择从下方或上面穿越）。

注：无论选择哪种方式，无人机都不允许离电线太近。

② 在有风天气，在各个模式下实现以上飞行。

此操作的目的：熟悉无人机油门摇杆的舵量，实现高度的微调。

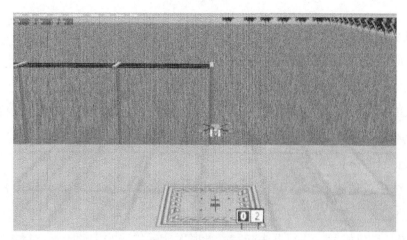

图6-13　高度飞行模拟操作

（3）手动航线飞行模拟操作（见图6-14）。

① 在晴朗天气，在GPS速度模式和姿态模式下操作无人机沿航线飞行。

② 在有风天气，在各个模式下操作无人机沿航线飞行。

（a）

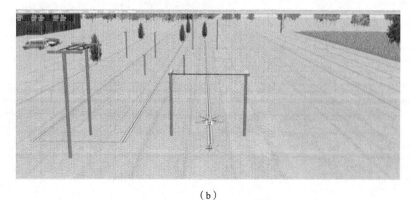

（b）

图6-14　手动航线飞行模拟操作

思考与练习

一、填空题

1．虚拟仿真飞行控制系统支持三种飞行模式：_____、_____、_____。

2．在GPS信号良好，指南针工作正常，且成功记录返航点的情况下，如果飞行器与遥控器通信中断，_____功能激活，_____将接管飞行器控制权，控制飞行器飞回最后一次记录的返航点。

3．如果在返航过程中，信号恢复正常，返航过程仍将持续，但用户可以通过_____控制飞行，且可以取消返航。

4．如果启动电机后，飞行器未起飞，此时关闭遥控器非常危险，飞行控制系统很有可能进入_____模式，飞行器很可能起飞。

5．飞行控制系统在失去信号3s后才进入失控返航模式，如果3s内重新获得信号，飞行控制系统会立即退出失控返航模式，只要通信允许都可以利用_____重新获得控制权。

二、论述题

1．在X-Plane中如何更换环境和机场环境？

2．在X-Plane中如何切换飞行器的几种常用视角？

3．首次使用遥控器与飞行器建立链路前，需要做什么操作？

4．一般遥控器有哪些控制模式？

5．无人机返航操作时有哪些注意事项？

第7章
航线规划智能仿真飞行

7.1 无人机地面站系统功能简介

包括无人机在内的各种飞行器都离不开地面站的指挥和控制，地面站是飞行器系统的核心和灵魂。在多无人机协同任务中，地面站对无人机系统起着举足轻重的作用，而随着无人机的不断更新，对地面站的技术要求也越来越高。

无人机地面站涉及图像处理、无线传输、远程控制及任务规划等多种技术，主要功能是监控无人机的飞行过程及任务执行情况，它是一个集实时采集并分析遥测数据、不定时发送控制指令、显示飞行状态等功能于一体的综合地面监控系统。

7.1.1 地面站的组成

1. 地面遥控设备

在常用的航模类型遥控器中，较为流行的是Futaba系列。图7-1为Futaba 10CH遥控器、操纵杆，目前常见于大型地面站系统，主要用于操控任务载荷设备。

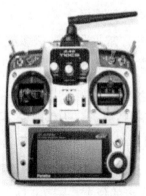

（a）Futaba 10CH遥控器　　　　（b）操纵杆

图7-1　地面遥控设备

2. 通信链路硬件

（1）数传电台。数传电台（Radio Modem）又称为"无线数传电台""无线数传模块"，是指借助数字信号处理器（Digital Signal Processor，DSP）技术和软件无线电技术实现的高性能专业数据传输电台，如图 7-2 所示。

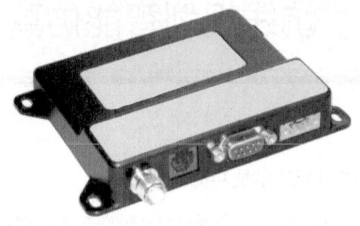

图7-2　数传电台

（2）无线图像传输系统。无线图像传输系统包括图像机载发射端（体积较小，质量较轻）和图像面接收端（体积、质量较重），如图 7-3 所示。

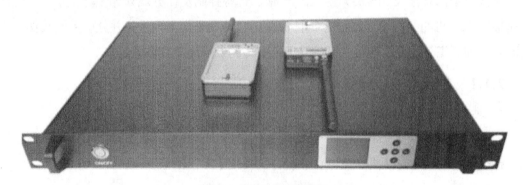

图7-3　无线图像传输系统

（3）Wi-Fi 通信模块。其类似于数传电台，常见于消费级多旋翼无人机中，或地面电台转发出 Wi-Fi 信号，与平板电脑及手机等小型地面站系统连接。

（4）北斗通信模块。利用北斗卫星短报文通信功能，可实现超远距离无人机的监控。北斗系统最大的特色在于有源定位和短报文特色服务，不仅解决了我国无卫星导航系统的问题，还能将短信和导航结合，这是我国北斗卫星导航系统的独特发明，也是一大优势。简单地说，"短报文"其实就相当于现在人们平时用的"短信息"，短报文可以发布140 个字的信息，并能够定位，可以显示发布者的位置，图 7-4 展示的是北斗短报文通信模块。

图7-4　北斗短报文通信模块

3. 计算机软硬件平台

目前地面站软件系统支持的计算机软件、硬件平台多式多样，硬件平台可支持台式机、笔记本电脑、平板电脑、手机，软件平台可支持Windows、Linux、iOS、Android。

4. 地面站软件系统

有多种多样的计算机硬件平台，与之对应就有计算机端地面站软件系统及平板电脑、手机端地面站软件系统，如图7-5和图7-6所示。

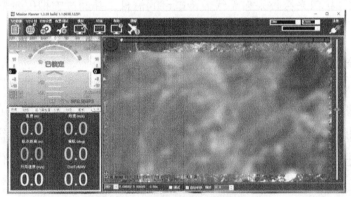

图7-5　计算机端地面站软件系统

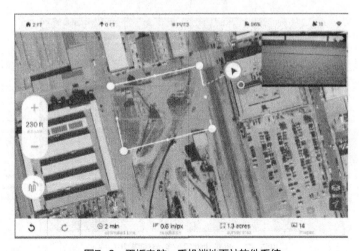

图7-6　平板电脑、手机端地面站软件系统

7.1.2 地面站功能

无人机地面站监控系统是整个无人机系统的指挥中心,其主要功能是完成无人机的任务规划,并在电子地图中实时显示无人机的位置及飞行轨迹,完成无人机的飞行状态数据和视频图像的实时传输、显示和处理等,保证无人机准确、安全地飞行,高效地执行任务。

无人机地面站的工作方式是对数传电台所接收的飞行器上传输来的信号进行处理,转换成虚拟仪表和电子地图可识别的信息,使得地面操作人员可直观地监测无人机的飞行状态及飞行航迹等信息。同时,地面操作人员对无人机飞行状态及飞行航迹的操作和规划信息,可以通过地面站传输到数传电台进而发射给无人机。

无人机地面站软件系统是随着科技的发展逐渐被提出的。现代化的无人机已经不再以作战为主要功能,而是变成了装载民用设备的飞行器。由于传统的军用地面站成本高、不易开发,为了能够更好地监测、控制无人机并实时了解无人机的各项飞行数据,人们开发了无人机地面站软件系统。无人机地面站软件系统以计算机或者其他常见机型作为硬件机构,通过RS-232等接口来接收来自无线数传电台的信息,并通过虚拟仪表来显示。

地面站功能主要包括以下几个方面。

1. 飞行状态的监测与控制

无人机地面站能够显示无人机飞行控制系统所传回的机载传感器数据、姿态数据、位置信息、各操纵通道状态、控制参数及动力设备状态,用于地面操作人员对飞行状态进行观察(见图7-7和图7-8)。地面操作人员还能够通过地面站对无人机进行操控,对飞行控制参数进行调整。无人机地面站能够对无人机的所在位置及状态信息进行实时显示,同时控制无人机的飞行航迹并对无人机飞行航迹进行有效规划,其在无人机安全飞行、有效完成任务、跟踪和导航中有着重要作用。

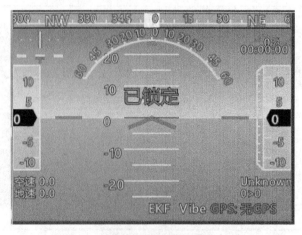

图7-7 地面站常见仪表监测模块(一)

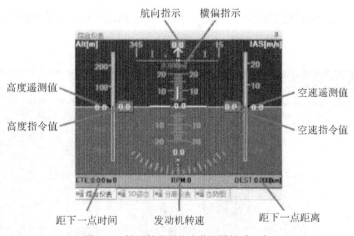

图7-8　地面站常见仪表监测模块（二）

2. 地图导航与任务规划

无人机执行的任务大多是在超视距条件下进行的，无论是手动操控还是按照任务指令自主飞行，都需要准确、直观地了解无人机当前的地理位置，判断其飞行轨迹是否正确。任务规划需要对任务区域地图进行研究，对相应飞行航线进行标定。设置准确的航点信息是实现无人机任务规划的前提条件，因此在地图导航的基础之上，地面控制站还应具有航点编辑功能，如图7-9所示。

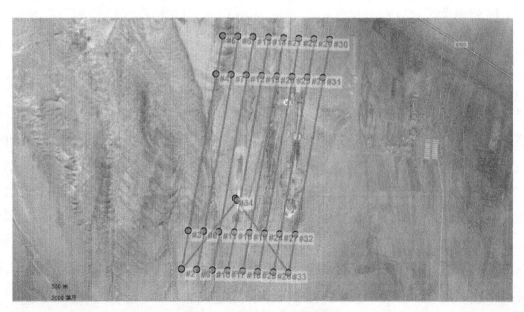

图7-9　航线标定和航点编辑功能

3. 飞行数据的记录与回放

地面站能够在监控无人机系统的同时，实时记录飞行过程中的各种状态数据，并可进行回放分析。其对飞行数据的分析为飞行控制系统调整提供了依据，也为评价整个飞行过程及飞行器状态提供了参考，Mission Planner中的数据回放功能如图7-10所示。

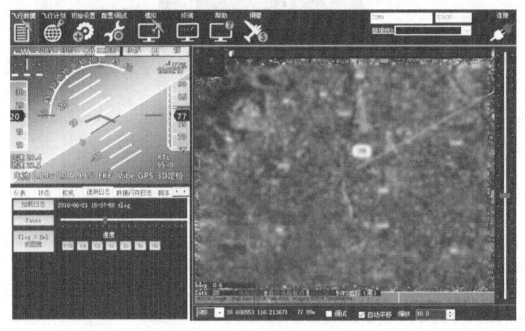

图7-10　Mission Planner中的数据回放功能

4. 模拟飞行

通常地面站软件系统带有模拟飞行功能，一方面可以用于任务的模拟执行，另一方面可以供使用者进行飞行及地面监控的训练。

常见的模拟飞行辅助软件是Flight Gear（见图7-11），它是一款由全世界志愿者共同开发和维护的开源飞行模拟软件，具有跨平台、多场景、多机型、可开发和可扩展等诸多特点。该软件从最初仅有简单的飞行器空气动力学模型，逐渐引入了自然特性（阳光、月光和星光等）、天气特性（云、雾和风等）、仪表板、电子导航系统、自动飞行控制系统、机场与跑道，以及网络互联操作等。除了拥有较为精细的三维视景模型，其内部支持多种飞行力学模型解算器，可以较精确地模拟飞行器在真实环境中的飞行状态。与其他商业飞行模拟软件不同，Flight Gear提供了数据输入 / 输出接口，用户可以输入实际的飞行数据或者自建飞行力学模型的解算值，利用它可以更为直观地以视景方式呈现数据。

JOUAV FlightSim是成都纵横自动化技术股份有限公司专为飞行控制系统与导航系统开发、仿真与地面测试而研发的专业飞行仿真软件，如图7-12所示。该软件以XML语言描述飞行器几何、惯量及气动数据，采用C++语言实现，支持全数字、半实物等多种形式的仿真。该软件能够为飞行控制系统提供方案设计合理性验证、分系统数字仿真、真

150

实部件在环测试、全系统半物理实时仿真、性能测试和系统评价，可为大学及科研机构提供科研环境、设计验证环境和教学环境。

图7-11 Flight Gear界面

图7-12 JOUAV FlightSim界面

7.1.3 地面站分类

无人机地面站有多种形式，按不同的使用要求可分为大型地面站、便携式地面站和掌上微型地面站。

图7-13所示为大型地面站，大型地面站按载体不同可分为车载式、舰载式及机载式。

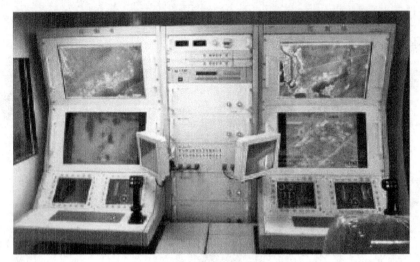

图7-13　大型地面站

便携式地面站以配置了指挥控制与任务规划软件的便携式计算机为主体，如图7-14所示，利用无线数传电台或无线网络进行数据传输，操作人员通过键盘、鼠标、遥控器等设备完成指令设定与无人机操控。便携式地面站具有机动灵活、隐蔽性好及环境适应能力强的特点，多用于监视侦察、航空测绘及科研试验等方面。

图7-14　便携式地面站

掌上微型地面站包括掌上计算机、地面遥控遥测软件、地面数传电台等几个部分，可以在手掌上执行无人机遥控遥测任务。

7.1.4　地面站相关理论知识

要深入了解地面站系统，需对其涉及的关键技术进行了解。其中，地面站软件系统所涉及的关键技术主要包括串口通信、通信协议、电子地图。

1. 串口通信

串口通信（Serial Communications）的概念非常简单，串口按位（bit）发送和接收字节，尽管比按字节（byte）的并行通信慢，但是串口可以在使用一根线发送数据的同时用另一根线接收数据，简单并且能够实现远距离通信。例如，IEEE—488定义并行通行状态时，规定设备线总长不得超过20m，并且任意两个设备间的长度不得超过2m；而对于串口而言，长度可达1200m。典型的，串口用于ASCII码字符的传输。通信使用3根线完成，分别是地线、发送和接收。由于串口通信是异步的，端口能够在一根线上发送数据，同时在另一根线上接收数据，其他线用于"握手"，但不是必需的。串口通信最重要的参数是波特率、数据位、停止位和奇偶校验位。对于两个进行通信的端口，这些参数必须匹配。

（1）波特率。这是一个衡量字符传输速率的参数，指的是信号被调制以后在单位时间内的变化，即单位时间内载波参数变化的次数。如每秒钟传送 240 个字符，而每个字符格式包含 10 位（1 个起始位，1 个停止位，8 个数据位），这时的波特率为 240Bd，比特率为 10 位 ×240 个 / 秒 =2400b/s。一般调制速率大于波特率，如曼彻斯特编码。通常电话线的波特率为 14400Bd、28800Bd 和 36600Bd。波特率可以远远大于这些值，但是波特率和距离成反比，高波特率常常用于放置得很近的仪器间的通信，典型的例子就是使用通用接口总线（General-Purpose Interface Bus，GPIB）设备的通信。

（2）数据位。这是衡量通信中实际数据位的参数。数据位是指一组数据中占用位数的数量。一般来说，数据位有 5、6、7、8 等不同的值，如何设置取决于想传送的信息。例如，标准的 ASCII 码是 0 ～ 127（7 位），扩展的 ASCII 码是 0 ～ 255（8 位）。如果数据使用简单的文本（标准 ASCII 码），那么每个数据包使用 7 位数据，包括开始 / 停止位、数据位和奇偶校验位。由于实际数据位取决于通信协议的选取，术语"包"适用于任何通信的情况。

（3）停止位。其用于表示单个包的最后一位。典型的值为 1、1.5 和 2 位。由于数据是在传输线上定时的，并且每一个设备有自己的时钟，很可能在通信中两台设备间出现了小小的不同步。因此，停止位不仅仅表示传输的结束，而且给计算机提供校正时钟同步的机会。停止位的位数越多，对不同时钟同步的容忍程度越大，但是数据传输率同时也越慢。

（4）奇偶校验位。串口通信有 4 种检错方式，即偶、奇、高和低。当然，没有校验位也是可以的。对于偶和奇校验的情况，串口会设置校验位（数据位后面的一位），用一个值确保传输的数据有偶数个或者奇数个逻辑高位。例如，如果数据是 011，那么对于偶校验，校验位为 0，保证逻辑高的位数是偶数个；如果是奇校验，校验位为 1，这样就有 3 个（奇数个）逻辑高位。高位和低位不真正地检查数据，只简单置位逻辑高或者逻辑低校验。这样使得接收设备能够知道一个位的状态，有机会判断是否有噪声干扰了通信或者判断传输和接收数据是否同步。

2. 通信协议

通信协议是指双方实体完成通信或服务所必须遵循的规则和约定。通过通信信道和设备互连起来多个不同地理位置的数据通信系统，要使其能协同工作，实现信息交换和资源共享，它们之间必须具有共同的"语言"。交流什么、怎样交流及何时交流，都必须遵循某种互相都能接受的规则，这个规则就是通信协议。

MAVLink（Micro Air Vehicle Link）是一种用于小型无人载具的通信协议。该协议广泛应用于地面站（Ground Control Station，GCS）与无人载具（Unmanned Vehicles）之间的通信，同时也应用于载具内部子系统的内部通信。协议以消息库的形式定义了参数传输的规则。MAVLink协议支持固定翼无人机、多旋翼无人机、无人车辆等多种载具，是目前开源飞行控制系统ArduPilot使用的通信协议。

成都纵横无人机所采用的通信指令协议的数据链，对飞行控制系统和导航系统与地面站之间的交互是透明的，因此飞行控制系统和导航系统通过标准的通信协议DLI（类似STANAG4586）与地面站通信，该协议对数据链和地面站的合作开发商是开放的，同时也可以方便地与外部C4I系统交互。

3. 电子地图

电子地图就是利用网络技术、通信技术、地理信息系统（Geographic Information System，GIS）技术实现的一种新地图服务方式。在地面站软件中，通常利用GIS的二次开发技术实现地图导航及任务规划的功能，常用的主要有MapInfo公司的Map X，ESRI公司的Map Objects，Google公司的谷歌地球（Google Earth，GE）及GMap.NET等。

Google Earth是一款由Google公司开发的虚拟地球仪软件，它把卫星照片、航空照相和GIS布置在一个地球的三维模型上；GMap.NET是一个强大、免费、跨平台、开源的.NET控件。

YS09早期地面软件使用的是Map X控件，目前最新版采用的地图控件为Google Maps和Google Earth。Mission Planner使用的控件为GMap.NET。DIJ（大疆）的Ground Station使用的是Google Earth控件。

通常这些控件除了能支持加载不同类型的地图外，还具有强大的地图操作功能，以及图元编辑和处理功能，从而满足地面站软件的需求。

（1）地图操作功能。其包含基本功能、编辑功能、选择功能，基本工具包括放大、缩小和拖曳地图等。

（2）图元编辑和处理功能。在地图中可以创建基本的图元对象，如点、线、折线等，主要用于在航迹规划中绘制航点和航线等图元。

7.2　植保作业仿真

为了适应和方便各种地块的作业，植保作业主要分为手动模式、辅助模式（AB点模式）、自动模式。

（1）设置。打开 App 后，选择任意模式，单击右下方的"设置"按钮，等待参数的刷新，进行相关的设置。

（2）校准遥控器。如果打开遥控器后，蜂鸣器一直响，需要单击校准遥控器，然后在摇杆和拨轮居中的情况下，单击"开始校准"按钮，然后将摇杆绕着前、后、左、右方向拨一遍，拨轮要在量程的最大和最小处拨几下，最后单击"校准结束"按钮。若校准成功，打开遥控器就可以直接连接飞行器，蜂鸣器不会再响了。

（3）设置"home"点。当飞行器通电后，飞行器已经定位，当飞行器被挪动后，需要重新设置"home"点，可以设置当前点为"home"点，或者起飞点为"home"点。遥控器依据使用者的习惯可选择中国手、美国手和日本手（见图7-15）。仿地雷达打开后，飞行器可以进行地形跟随；关闭后，飞行器对地高度有可能不准。

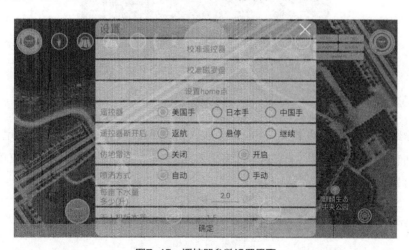

图7-15　遥控器参数设置界面

（4）喷洒方式。在自动模式下，飞行器移动时，喷洒自动打开；在手动模式下，喷洒通过 App 或者遥控器手动打开（此功能虚拟仿真目前无法实现）。

（5）模式选择。打开 App 后，可以选择 3 种作业模式，如图7-16所示。

（6）连接遥控器。打开遥控器，飞行器通电后，在 App 上选择"连接"选项，会出现相应遥控器的蓝牙地址，选择"连接"选项。如果连接时间过长，可以重启遥控器，重启手机蓝牙，重启 App 再次尝试。

（7）手动模式。在手动模式下，飞行器会依据摇杆的控制进行相应的飞行，地面站 App 界面如图 7-17 所示。

图7-16　模式选择界面

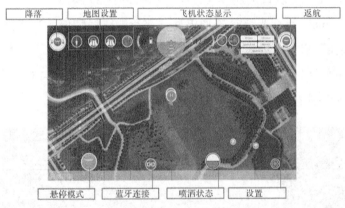

图7-17　地面站App界面

（8）辅助模式。在辅助模式中可以设置 A 点、B 点，遥控器的航向锁定不可控制，高度、俯仰和滚转可以控制。每次可以设置新的航线，飞行器脱离航线时可以返回。设置界面如图 7-18 和图 7-19 所示。

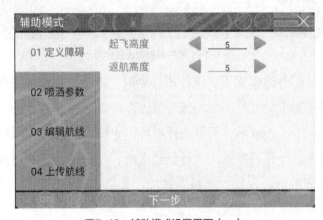

图7-18　辅助模式设置界面（一）

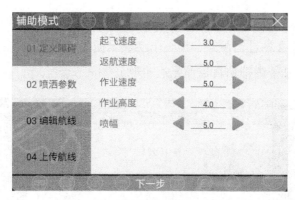

图7-19　辅助模式设置界面（二）

（9）设置基本参数，然后上传。在 App 下方，单击对应按钮解锁，起飞后，飞行器正常起飞；单击对应按钮进入航线，飞行器首先会飞到 A 点，推俯仰的摇杆，飞行器会向前飞。如果飞行器的下一条航线在飞行器右面，单击"开始"按钮，遥控器会上传下一条航线，如图 7-20 所示。

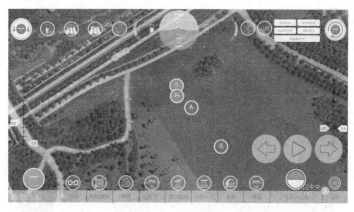

图7-20　参数设置界面

（10）自动模式。如图 7-21 所示，打开 App 选择自动模式。

图7-21　选择自动模式

（11）规划方式。规划方式分为航点规划和地块规划，可根据需求进行选择，如图 7-22 所示。使用地面站进行测绘，地图上会显示使用者的移动轨迹，使用者可参考轨迹进行地块规划（此功能虚拟仿真目前无法实现）。

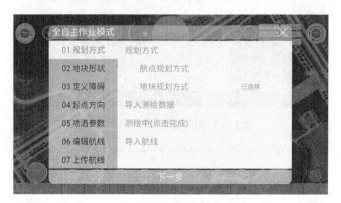

图7-22　规划方式界面

（12）地块形状。对已经测量完成的地块进行边界的导入。如需要作业的是矩形，可以实现先测量地块 4 个边界点的经纬度，然后单击"添加边界点"选项，对 4 个边界点进行编辑，再保存并生成地块，如图 7-23～图 7-27 所示。

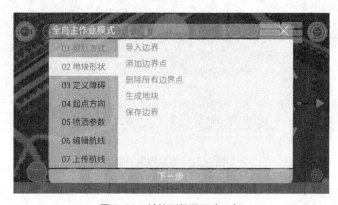

图7-23　地块形状界面（一）

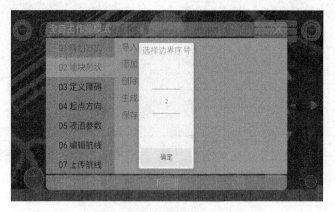

图7-24　地块形状界面（二）

图7-25 地块形状界面（三）

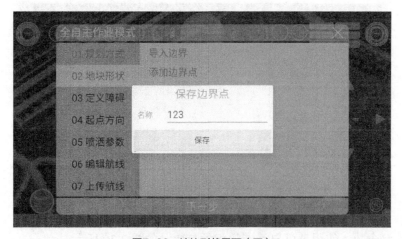

图7-26 地块形状界面（四）

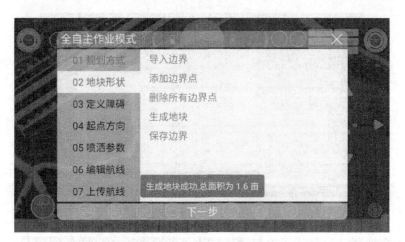

图7-27 地块形状界面（五）

（13）定义障碍。根据需求进行设置（建议起飞高度和返航高度设置为5m，安全距离可适当偏大），如图7-28所示。

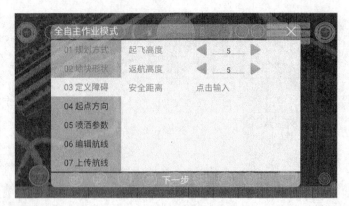

图7-28　定义障碍界面

（14）起点方向。根据需求进行选择，如图7-29所示。

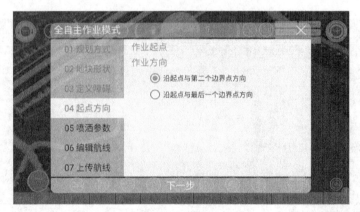

图7-29　起点方向界面

（15）喷洒参数。使用者可自行调整相关参数，如图7-30所示。

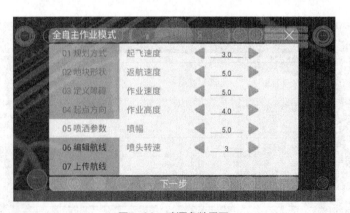

图7-30　喷洒参数界面

（16）编辑航线。单击"生成航线"选项，并对航线进行保存和命名，地面站会自动存储，下次作业时可直接调用，如图7-31所示。

（17）上传航线。上述步骤检查完成后，对航线进行上传，如图7-32所示。

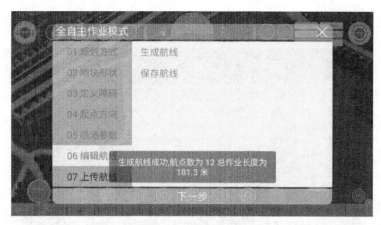

图7-31 编辑航线界面

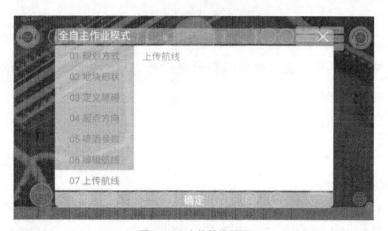

图7-32 上传航线界面

（18）高级功能。其主要包括断点续喷、断药提示、手动避障。

① 断点续喷。在飞行器飞行过程中，如果进行返航（手动返航、没电返航、失控返航、断药返航），App会记录返航点，在更换电池和药液后，会继续从返航点开始进行喷洒（此功能虚拟仿真目前无法进行），如图7-33所示。

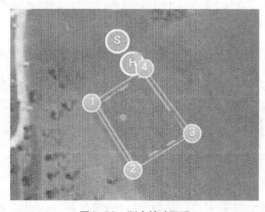

图7-33 断点续喷界面

②断药提示。在药箱中快没有药时，App会提示断药返航，如图7-34所示。

图7-34 断药提示界面

③ 手动避障。在辅助模式和自动模式中，通过摇杆可以对飞行器的航线进行干预，避开障碍物。在作业过程中，若突发问题，可以切换至"P"挡，进行手动控制。

思考与练习

一、填空题

1. 无人机地面站涉及_____、_____、_____及任务规划等多种技术，主要功能是监控无人机的飞行过程及任务执行情况，它是一个实时采集并分析遥测数据、不定时发送控制指令、显示飞行状态等功能结合于一体的综合地面监控系统。

2. 无人机地面站监控系统作为整个无人机系统的指挥中心，主要是为了完成无人机的_____，并在_____中实时显示无人机的位置及飞行轨迹，完成无人机的_____、_____的实时传输、显示和处理等功能，保证无人机准确、安全地飞行，高效执行任务。

3. 便携式地面站以配置了指挥控制与任务规划软件的便携式计算机为主体，利用_____、_____进行数据传输，地面操作人员通过键盘、鼠标、遥控器等设备完成指令设定与无人机操控。

4. MAVLink是一种用于小型无人载具的通信协议，MAVLink协议支持_____、_____、_____等多种载具。

5. 任务规划需要对任务区域_____进行研究，对相应飞行航线进行_____。设置准确的_____是实现无人机任务规划的前提条件，因此在地图导航的基础之上，地面站还应具有_____功能。

二、论述题

1. 地面站有哪些组成部分？

2. 无人机地面站监控系统作为整个无人机系统的指挥中心，发挥了哪些功能？

3. 无人机地面站有哪些分类？

4. 地面站软件系统涉及哪些关键技术？

参考文献

[1] 孙毅. 无人机驾驶员航空知识手册[M]. 北京：中国民航出版社，2014.

[2] 闫晓东，许志. 飞行器系统仿真实训教程[M]. 西安：西北工业大学出版社，2013.

[3] 杨宇. 无人机模拟飞行及操控技术[M]. 西安：西北工业大学出版社，2019.

[4] 韦加无人机教材编写委员会. 无人机组装与调试[M]. 北京：航空工业出版社，2018.

[5] 郝培峰，崔建江，潘峰. 计算机仿真技术[M]. 北京：机械工业出版社，2009.